Aktuelle Probleme der pädiatrischen Endokrinologie

Symposium, Wien, 28. September 1976

Veranstaltet vom Ludwig-Boltzmann-Institut für pädiatrische Endokrinologie

Herausgegeben von

Univ.-Prof. Dr. Walter Swoboda

und

Primarius Dr. Hans Zimprich

Pädiatrie und Pädologie

Supplementum 5

Springer-Verlag Wien GmbH

1977

Univ.-Prof. Dr. Walter Swoboda, ärztlicher Leiter des Gottfried-von-Preyerschen Kinderspitals der Stadt Wien, administrativer und wissenschaftlicher Leiter des Ludwig-Boltzmann-Institutes für pädiatrische Endokrinologie, Wien, Österreich.

Primarius Dr. Hans Zimprich, ärztlicher Leiter der Kinderabteilung mit Psychosomatik am Wilhelminen-Spital der Stadt Wien, wissenschaftlicher Leiter des Ludwig-Boltzmann-Institutes für pädiatrische Endokrinologie, Wien, Österreich.

Mit 61 Abbildungen

Ursprünglich erschienen bei Springer-Verlag Wien-New York 1977

Library of Congress Cataloging in Publication Data. Main entry under title: Aktuelle Probleme der pädiatrischen Endokrinologie. (Pädiatrie und Pädologie: Supplementum 5) English, French, and/or German. 1. Pediatric endocrinology-Congresses. I. Swoboda, Walter, 1915—. II. Zimprich, Hans, 1932—. III. Ludwig-Boltzmann-Institut für Pädiatrische Endokrinologie. IV. Series. RJ 418. A47 618.9'24 77-23779

ISBN 978-3-211-81440-6 ISBN 978-3-7091-8491-2 (eBook)
DOI 10.1007/978-3-7091-8491-2

Vorwort

Der vorliegende Supplementband enthält Beiträge zum Thema „Aktuelle Probleme der pädiatrischen Endokrinologie". Dabei handelt es sich um erweiterte Fassungen von Vorträgen, die auf dem 1. Symposium des Ludwig-Boltzmann-Institutes für pädiatrische Endokrinologie im September 1976 in Wien gehalten wurden. Die Reihenfolge der Veröffentlichung entspricht der Vortragsfolge auf dem Symposium.

Der Bogen der abgehandelten Themen ist weit gespannt und spiegelt damit den großen Bereich wider, den die pädiatrische Endokrinologie — ein relativ junges Spezialgebiet der Kinderheilkunde — heute bereits umfaßt. Durch die stürmischen Fortschritte der Biochemie und der Labormethoden wurden und werden einerseits ständig neue Erkenntnisse gewonnen, andererseits aber auch ständig neue Problemstellungen eröffnet. Durch die Beteiligung international bekannter Experten am Vortragsprogramm, und damit am Inhalt des Supplements, wurde das Gesamtkonzept hinsichtlich seiner Qualität wie auch seiner Aktualität entscheidend bereichert.

H. Zimprich W. Swoboda

Inhaltsverzeichnis

Pädiatrie und Pädologie, Suppl. 5, 1—12 (1977)

Somatomedin and Growth Hormone in Psychosocial Dwarfism*

By

P. Saenger, Lenore S. Levine, E. Wiedemann, E. Schwartz, Sigrun Korth-Schutz, Judith Pareira, B. Heinig, and Maria I. New

From the Department of Pediatrics, Cornell University Medical College, New York, and the Department of Medicine, Mount Sinai School of Medicine, NewYork, U. S. A.

With 3 Figures

Summary

The diagnosis of psychosocial dwarfism (PSD) was made in a 7 year old boy upon admission to the hospital. In the period following admission, he grew at a slightly accelerated rate of 0.6 cm in 24 days (extrapolated growth rate — 9.1 cm/yr); his caloric intake was 1663 calories/day (147 cal/kg/day), stimulable growth hormone was 5.9 ng/ml and somatomedin activity was in the hypopituitary range (0.24, 0.05 U/ml). In the following period of marked catch-up growth of 8.6 cm in 102 days (extrapolated growth rate 30.8 cm/yr), his caloric intake decreased significantly to 1514 cal/day (106 cal/kg/day, $0.005 < p < 0.01$), stimulable growth hormone in this period was 13.6 ng/ml and somatomedin activity normalized (0.98 U/ml).

While under continued observation, with separation from his favorite nurse, his growth velocity dropped significantly to the rate immediately following admission, but there was no change in his stimulable growth hormone or in somatomedin activity. With the return of his favorite nurse, he resumed his previous rapid catch-up growth with no change in caloric intake (p = not significant), growth hormone level, or somatomedin activity. Upon transient return to his depriving home, his growth rate decreased to 1.4 cm in 70 days (extrapolated growth rate 7.2 cm/yr): growth hormone remained in the normal range. Somatomedin activity was in the low normal range (0.57 U/ml) and rose to high normal activity (1.31 U/ml) as rapid catch-up growth resumed after he had been readmitted.

We conclude from these data that:

1. Serum somatomedin in longstanding untreated PSD may be in the hypopituitary range.

2. Markedly fluctuating growth rates during recovery in this patient with PSD were not due to changes in caloric nutrition, growth hormone release or somato-

* This investigation was supported in part by United States Public Health Service NIH training award AM-00329; United States Public Health Service NIH Division of Research Facilities and Resources, Pediatric Clinical Research Center award RR-47, and by Deutsche Forschungsgemeinschaft.

medin activity, but to an as yet unidentified factor affecting growth during emotional stress.

Introduction

Emotional deprivation dwarfism (psychological dwarfism) is a recognized syndrome of severe growth failure occurring in an abnormal home environment with a hostile or depriving mother. The etiology of this growth failure has been variously ascribed to malnutrition [10], growth hormone deficiency [12, 13], or growth hormone resistance [3]. The following is a report of a boy with severe deprivation dwarfism who underwent long-term hormonal and nutritional evaluation during which time the mechanism of his growth failure was further elucidated.

Case Report

The patient was admitted to the Pediatric Clinical Research Center of the New York Hospital at age $6^{10}/_{12}$ years for evaluation of severe growth retardation. Past history revealed he was the product of a normal full-term

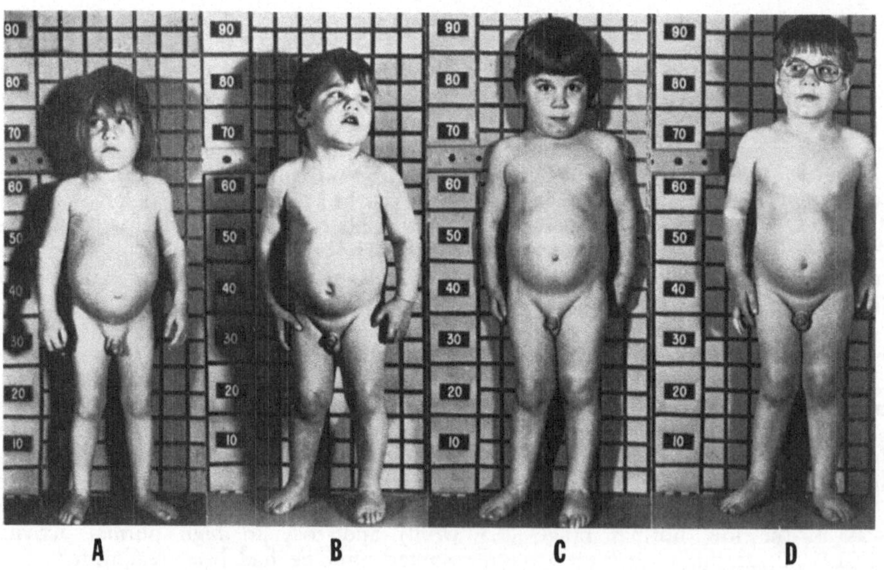

Fig. 1. Changes in appearance during hospitalization (A, B, C, D)

pregnancy with birth weight of 3000 grams. Growth retardation was documented at two years of age when his heigt was 3.5 S. D. below the mean (height age 12 months). There was a history of developmental delay evidenced by standing at three years of age and walking at five years.

On admission to the hospital, the patient was a severely dwarfed, sad-looking male with a protuberant abdomen and slender extremities (Fig. 1, A). His height age was 17 months; weight age was 16 months.

Hospital Course

On the basis of interviews with the parents, school reports, and the child's appearance and behaviour, the diagnosis of psychosocial dwarfism was considered likely. He was placed on an *ad lib* diet with quantitation of daily intake of calories. In addition, he was assigned a special nurse who was primarly responsible for his care, and to whom he formed a strong

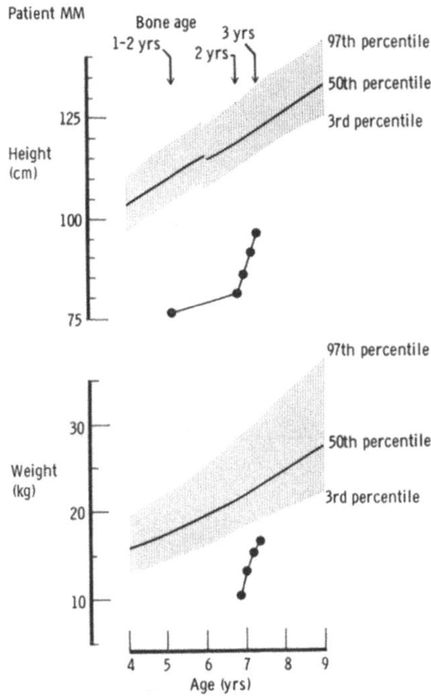

Fig. 2. Growth curve demonstrating rapid catch-up growth after hospitalization

emotional attachment. Initially, he ate and drank ravenously, but after three weeks in the hospital, his excessive appetite and thirst subsided and he did not beg for food. His caloric intake decreased continually. Sleep disturbances were not observed, neither in the past nor during the admission. Eventually, he attended the hospital school daily, seemed to enjoy his daily routine, and became an active, outgoing and apparently happy child. The change in his appearance is documented in Fig. 1, A to D, and his growth curve is presented in Fig. 2. His parents visited only three times during the entire 7 months hospitalization.

Standing height was measured daily using the Harpenden Stadiometer within 30 minutes upon arising. The mean of three readings was plotted. His hospital course was marked by six periods of growth: A, B, C, D, E, F (Figs. 1 and 3, Tab. 2).

(A) An inital period of growth for approximately three weeks after hospital admission, observed growth 0.6 cm/24 days, extrapolated growth rate 9.1 cm/year, acceleration +6.6 cm/year², when compared to his pre-admission growth of 2.5 cm/year.

(B) A period of very rapid growth of approximately three months duration, observed growth 8.6 cm/102 days, extrapolated growth 30.8 cm/year, acceleration +21.7 cm/year².

(C) A period of relative deceleration in growth rate of three weeks duration when his special nurse was on vacation, observed growth 0.6 cm/20 days, extrapolated growth 10.8 cm/year, acceleration −20 cm/year².

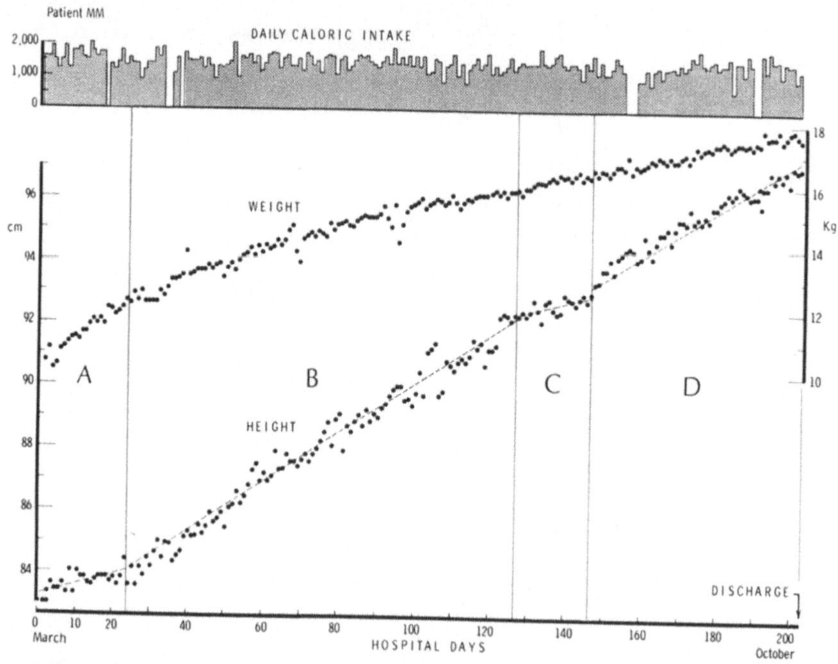

Fig. 3. Daily measurements of height, weight and caloric intake during hospitalization. Period A: 24 days, slower growth; Period B: 102 days, rapid catch-up growth; Period C: 20 days, slower growth, when separated from special nurse; Period D: 58 days, resumption of rapid catch-up growth

(D) A period when his rapid growth was resumed upon return of his special nurse, observed growth 4.4 cm/58 days, extrapolated growth rate 27.7 cm/year, acceleration +16.9 cm/year².

(E) A period upon transient return to his home where his growth fell off again, observed growth 1.4 cm/70 days, extrapolated growth rate 7.2 cm/year, acceleration −20.5 cm/year² (not shown in Fig. 3).

(F) He was readmitted to the hospital at the end of period E (Tab. 2). Catch up growth again resumed. The observed growth was 3 cm/33 days, extrapolated growth rate 33.2 cm/year, acceleration +26 cm/year² (not shown in Fig. 3). A five day period of administration of hGH (5 U I. M. daily) to evaluate stimulability of serum somatomedin in this patient concluded the evaluation.

Laboratory Evaluations

At the time of admission, the following non-endocrine causes of growth retardation were ruled out: renal disease, liver disease, hematologic disorders, heart disease and malabsorption.

Endocrine Evaluation

(1) Thyroid function by determination of serum thyroxine (nl 5.5 to 14.5 mcg/100 ml).

(2) Adrenal function by A. M. and P. M. plasma cortisol (nl 10 to 25 mcg/100 ml and less than 5 mcg/100 ml, respectively); plasma cortisol response during ACTH stimulation; urinary 17-hydroxycorticosteroid excretion in baseline state (nl 3.5 ± 1.0 mg/M^2/24 hrs; and, on the day of and the day after metyrapone, 450 mg/M^2 every four hours for six doses; the 17-hydroxycorticosteroid excretion should double in response to metyrapone.

(3) Growth hormone secretion by measurement of serum concentration of growth hormone during a combination L-Dopa (250 mg)-insulin (0.1 U/kg) tolerance test [6]. Growth hormone was measured by radioimmunoassay [4]. A rise to 7 ng/ml is considered an adequate response.

(4) Somatomedin activity in the serum (sulfation factor) was measured by the rat costal cartilage bioassay method of WIEDEMANN and SCHWARTZ [21]. Normal values for healthy boys are considered to be 1.03 ± 0.16 U/ml (SD) [15].

Growth hormone levels were determined on admission and repeated during the period of hospitalization, and somatomedin activity was measured at the beginning of each L-Dopa-insulin tolerance test.

Results

Serum T_4 was in the normal range (Tab. 1). Morning plasma cortisol levels were slightly decreased in periods A, B and C, but baseline urinary

Table 1. *Adrenal and Thyroid Function During Four Periods of Evaluation*

	A	B	C	D
Plasma cortisol	8.7 (AM)	7.0 (AM)	8.2 (AM)	17.5 (AM)
(μg/100 ml)	6.3 (PM)			
ACTH stimulation test			18.7	
Urine 17-hydroxycorticosteroids (mg/24 hr)				
baseline	2.2	2.0	1.9	2.8
metyrapone	5.2			
T_4 (μg/100 ml)	7.7	8.3		

Table 2. *Growth Hormone, Somatomedin Activity, and*

Period	Days/ period	Day in period tests were done	Fasting hormone (ng/ml)	Peak growth hormone during insulin-induced hypoglycemia (ng/ml)	Somatomedin (Fiducial limits) (U/ml)
Pre-admission	750	—	—	—	
In Hospital					
A	24	1			0.24 (0.07—0.45)
		6	4.6	5.9	0.05 (0.00—0.16)
B	102	4	3.4	13.0	0.98 (0.36—2.33)
C	20	15	5.9	6.9	1.00 (0.63—1.86)
D	58	26	15	15	1.33 (0.91—2.01)
End of 70 day period at home					
E	70	70	4.0	22	0.57 (0.36—0.81)
Readmission					
F	33	33	—	—	1.31 (0.78—2.28)

* Mean caloric intake/day: A/B- $0.005 > p > 0.01$
B/C- p, not significant
C/C- p, not significant

17-hydroxycorticosteroid excretion was normal and response to metyrapone in period A was normal, as well as ACTH response in period C.

Total caloric intake was greatest in period A, and was significantly less ($0.005 < p < 0.01$) during the remainder of the hospital course (Tab. 2). There was a progressive decrease in caloric intake/kg/day during hospitalization, with highly significant differences between periods A and B, ($p < 0.001$) and B and C ($0.005 < p < 0.01$). Peak growth hormone response to stimulation was borderline on admission in period A and again in period C (the periods of slower growth), and was adequate in period B, the first period of rapid growth. In period D, the second rapid catch-up growth period, the fasting level of growth hormone was high and did not rise further with stimulation. There was no significant difference in insulin sensitivity in the different periods. Somatomedin activity was in the hypopituitary range initially (day 2 and 6 of period A) and normal in all following periods. When the boy returned to the hospital after a 70-day stay at home (period E) his baseline growth hormone and responsiveness to insulin-induced hypoglycemia were within normal range. Serum somatomedin activity was in the low normal range, catch up growth had ceased.

Caloric Intake During Six Periods of Evaluation

% Fall in blood sugar	Caloric* intake/day (±SD)	Caloric* intake/ Kg/day (±SD)	Growth increment/period (cm)	Growth rate** constant interval (cm/20 days)	Projected growth rate (cm/yr)	Acceleration (cm/yr^2)
	—	—	5	—	2.5	—
56	1663 ± 293	147 ± 28	0.6	0.5	9.1	+6.6
62	1514 ± 211	106 ± 17	8.6	1.7	30.8	+21.7
57	1504 ± 208	94 ± 13	0.6	0.6	10.8	−20
51	1521 ± 262	89 ± 15	4.4	1.5	27.7	+16.9
50	—	—	1.4	0.40	7.2	−20.5
—	1643 ± 297	85 ± 23	3.0	1.8	33.2	+26

* Mean caloric intake/kg/day: A/B- $p < 0.001$
B/C- $0.005 < p < 0.01$
C/D p, not significant
C/F- p, not significant

** The minimal interval of observation of 20 days in period A is compared to a similar interval in other periods.

In period F, the 3rd period of rapid catch-up growth serum somatomedin activity rose to high normal levels and rose further to 2.04 U/ml (1.35—3.34)

Table 3. *Slopes and Standard Dediations of Segments B, C, D, of Growth Curve*

Period	Slope	Standard deviation of slope
A	0.04100	0.0120
B	0.0806	0.0014
Bz	0.1606	0.0352
C	0.0198	0.0106
D	0.0687	0.0020
DA	0.1406	0.0202

at the end of a period during which human growth hormone (5 U/day for 5 days) was given.

Statistical Evaluation

Regression lines of growth in height against days using the least squares method were drawn for the individual growth periods. The slope of these lines can be taken to approximate the rate of growth within the particular period. Such regression lines were similarly derived for the ten days preceding (the last 10 days of period B, B_Z) and the ten days following the end of period C (the first ten days of period D, D_A) in order to compare periods of equal magnitude before and after period C which lasted 20 days. From the individual deviations from the regression line the standard deviations for the slope of the line can be calculated (Tab. 3). From the standard deviations confidence intervals about the regression line can be drawn. T-statistic with appropriate number of degrees of freedom was used to calculate the confidence intervals, confidence intervals were then compared (Tab. 4).

Table 4. *Comparison of Confidence Intervals of Segment C of Growth Curve With Segment B, B_Z, D, and D_A (See Text for Details)*

	B	B_Z	D	D_A
C	$p < 0.002$	$0.02 < p < 0.05$	$p < 0.002$	$0.002 < p < 0.01$

The comparison of the confidence intervals shows clearly that period C is different from the two periods B and D and also the two subperiods B_Z and D_A where more rapid growth was recorded.

For this analysis, an IBM 370/145 was used.

Discussion

Hormonal deficiencies in psychosocial dwarfism have been documented in several reports. These children may demonstrate growth hormone [12, 13], ACTH [12, 13] and TSH deficiencies [9, 12, 13] which correct with removal from the home. Three cases have been reported which presented with spontaneous hypoglycemia [16], a not uncommon occurence in hypopituitarism.

BLIZZARD [1] divides children with emotional deprivation and growth retardation into 2 groups. The first group consists of infants less than two years of age who have a significant degree of malnutrition and normal or elevated levels of growth hormone, while the second group consist of older children without significant malnutrition and with frequently, but not obligatory, low growth hormone levels. The patient reported here would fit into the second category. The etiology of decreased pituitary growth hormone secretion in psychosocial dwarfism is not well understood. Increased beta adrenergic stimulation may be one of the causes for deficient growth hormone secretion in psychosocial dwarfism [7].

The deficiency of growth hormone is not as profound as in hypopituitary patients. Only 8 out of 15 patients tested by BRASEL [2] showed an inadequate growth hormone response during an insulin tolerance test, and 8 out of 12 during an arginine tolerance test. The mean peak growth hormone during arginine stimulation was 5.3 ng/ml compared to a normal mean value of 12.5 and a mean of 1.6 ng/ml in children with hypopituitary dwarfism [2]. There may also be an element of resistance to growth hormone as demonstrated by the failure to respond to exogenous growth hormone administered while the child remained in the depriving environment [3]. A fourfold reduction in growth velocity was observed in our patient after return to the home despite continued normal fasting growth hormone, peak growth hormone response, and low normal somatomedin activity. This suggests that in this patient there may have been resistance to growth hormone *and* somatomedin.

In this syndrome, growth hormone resistance has been attributed to the excessive cortisol secretion which has been reported in some of these children [18]. Cortisol has also been implicated in the inhibition of somatomedin response to growth hormone [5]. In our patient, however, we did not demonstrate hypercortisolemia or cortisol oversecretion as evidenced by the urinary 17-hydroxycorticosteroids. The normal adrenal function observed here is in contrast to the increased cortisol secretion observed by Krieger and Good in 50% of their cases [8].

Malnutrition has been postulated as the cause of the growth retardation in psychosocial dwarfism by Krieger [10] and Whitten *et al.* [20]. They were able to effect a significant gain in weight by improving the nutrition of these children while keeping them at home [10], or admitting them to a hospital for nutritional therapy [20]. In our patient, an opportunity was afforded for the first time to observe the effects of "emotional deprivation" under conditions of measured intake. The serendipitous occurrence during the prolonged hospitalization of separation of the patient from the special nurse, who was probably a surrogate mother, resulted in a markedly decreased growth rate with cessation of marked catch-up growth. On return of the surrogate mother, the child resumed catch-up growth in the absence of increased caloric intake. Statistical analysis of the slopes of the growth curves in the different periods shows a highly significant difference in the 95—99.8% confidence intervals of the slopes. Although it is possible that nutritional deficiency may play a role in psychosocial dwarfism, the study presented herein does not support this supposition.

In contrast to children with psychosocial dwarfism and growth hormone deficiency, Pimstone *et al.* [11] and Van den Brande and Du Caju [19] found low somatomedin activity in malnutrition which increased as growth hormone returned toward normal in the treatment phase. Van den Brande [19] also reported low somatomedin in 4 patients with emotional deprivation dwarfism. Likewise in our patient somatomedin was initially in the hypopituitary range and remained thereafter normal throughout the period of observation. Of particular importance is that there was no decrease in serum somatomedin activity during the transient cessation of marked catch-up growth. Thus diminished somatomedin activity also cannot be invoked as the cause for the marked changes in growth rate in this patient. After a 70 day stay at home, catch-up growth had ceased and serum somatomedin activity on the day of readmission to the hospital was in the low normal range even though fasting and peak growth hormone response were normal. Somatomedin response to exogenous growth hormone was measured in our patient while he was removed from the noxious environment, and found to be entirely normal. Thus two mechanisms explaining poor growth in psychosocial dwarfism can be postulated:

(A) Somatomedin activity may be in the hypopituitary range despite adequate growth hormone release. Long standing exposure to the noxious environment, as it existed prior to admission, seems to be necessary to lower somatomedin into the hypopituitary range. This would then explain why the brief exposure to the depriving home situation after discharge from the hospital lowered somatomedin activity to a lesser degree.

(B) Despite normalization of growth hormone release and somatomedin activity, markedly fluctuating growth rates in this patient, as noted during the hospitalization (period C), may be due to an as yet unidentified factor affecting growth during emotional stress.

A single hormonal or nutritional mechanism causing poor growth, therefore, does not explain growth failure in psychosocial dwarfism.

Seasonal variation of growth velocity is well known: the velocity in spring being faster than in the fall [17]. The three-to-fourfold variation in velocity as seen in our patient cannot be explained with seasonal changes alone, both because of the magnitude of the observed changes and because the observed changes were not seasonal.

Disturbed sleep patterns in these children may be responsible for the deficient growth hormone secretion. WOLFF and MONEY [22] correlate periods of reversible insomnia with poor growth and, presumably, reversible inhibition of sleep-associated growth hormone secretion. POWELL *et al.* [14], however, concluded recently that sleep disturbances had no effect on growth hormone secretion in a child with psychosocial dwarfism. We did not observe disturbed sleep in our patient.

In summary, endocrine and nutritional data obtained during an eight month observation period in a seven year old boy recovering in a hospital setting from psychosocial dwarfism suggest that growth failure is not due to nutritional deprivation or to defective growth hormone release. Somatomedin activity may be low in long standing psychosocial dwarfism. Markedly fluctuating growth rates during recovery in this patient with PSD were not due to changes in caloric nutrition, growth hormone release or somatomedin activity, but to an as yet unidentified factor affecting growth during emotional stress.

References

1. BLIZZARD, R. M.: In: Advances in Human Growth Hormone Research: A Symposium, Baltimore, Maryland, DHEW Publication No. (NIH) 74612, October 9—12, p. 124 (1973).

2. Brasel, J. A.: Review of Findings in Patients With Emotional Deprivation. In: Endocrine Aspects of Malnutrition. Kroc Foundation Symposia, No. 1 (eds.: L. I. Gardner and P. Amacher). Santa Ynez, California, p. 115 (1973).

3. Frasier, S. D., Rollison, M. L.: Growth Retardation and Emotional Deprivation: Relative Resistance to Treatment With Human Growth Hormone. J. Pediat. **80,** 603 (1972).

4. Glick, S., Roth, J., Yalow, R. S., Berson, S. A.: Immunoassay of Human Growth Hormone in Plasma. Nature **199,** 784 (1963).

5. Hall, K.: Human Somatomedin. Acta Endocrinologica (Supplement 163), 1972.

6. Hayek, A., Crawford, J. D.: L-DOPA and Pituitary Hormone Secretion. J. Clin. Endocr. Metab. **34,** 764 (1972).

7. Imura, H., Yoshimi, T., Ikekubo, K.: Growth Hormone Secretion in a Patient With Deprivation Dwarfism. Endocrinology (Japan) **18,** 301 (1971).

8. Krieger, I., Good, N. H.: Adrenocortical and Thyroid Function in the Deprivation Syndrome. Amer. J. Dis. Child. **120,** 95 (1970).

9. Krieger, I., Mellinger, R. C.: Pituitary Function in the Deprivation Syndrome. J. Pediat. **79,** 216 (1971).

10. Krieger, I.: Food Restriction as a Form of Child Abuse in Ten Cases of Psychosocial Dwarfism. Clin. Pediat. **13,** 127 (1974).

11. Pimstone, B. L., Becker, D. J., Hansen, J. D. L.: Human Growth Hormone and Sulphation Factor in Protein-calorie Malnutrition. In: Endocrine Aspects of Malnutrition. Kroc Foundation Symposia No. 1 (eds.: L. I. Gardner and P. Amacher). Santa Ynez, California, p. 73 (1973).

12. Powell, G. F., Brasel, J. A., Blizzard, R. M.: Emotional Deprivation and Growth Retardation Simulating Idiopathic Hypopituitarism. I. Clinical Evaluation of the Syndrome. New Eng. J. Med. **276,** 1271 (1967).

13. Powell, G. F., Brasel, J. A., Raiti, S., Blizzard, R. M.: Emotional Deprivation and Growth Retardation Simulating Idiopathic Hypopituitarism. II. Endocrinologic Evaluation of the Syndrome. New Eng. J. Med. **276,** 1279 (1967).

14. Powell, G. F., Hopwood, N., Barrat, E. S.: Growth Hormone Studies Before and During Catch-up Growth in a Child With Emotional Deprivation and Short Stature. J. Clin. Endocr. Metab. **37,** 674 (1973).

15. Saenger, P., Wiedemann, E., Schwartz, E., Korth-Schutz, S., Lewy, J. E., Riggio, R. R., Rubin, A. L., Stenzel, K. H., New, M. I.: Somatomedin and Growth After Renal Transplantation. Pediat. Res. **8,** 163 (1974).

16. Schutt-Aine, J. C., Drash, A. L., Kenny, F. R.: Possible Relationship Between Spontaneous Hypoglycemia and the "Maternal Deprivation Syndrome": Case Reports. J. Pediat. **82,** 809 (1973).

17. Tanner, J. M.: Growth at Adolescence 2nd Edition. Oxford: Blackwell Scientific Publications 1962.

18. Tanner, J. M.: Letter to the Editor Re: Resistance to Exogenous Human Growth Hormone in Psychosocial Short Stature (Emotional Deprivation). J. Pediatr. **82,** 171 (1973).

19. Van den Brande, J. L., Du Caju, M. V. L.: In: Advances in Human Growth Hormone Research, A Symposium. Baltimore, Maryland, DHEW Publication No. (NIH) 74612, October 9—12, p. 98 (1973).

20. Whitten, C. F., Pettit, M. G., Fischhoff, J.: Evidence That Growth Failure From Maternal Deprivation is Secondary to Undereating. JAMA **209,** 1675 (1969).

21. Wiedemann, E., Schwartz, E.: Suppression of Growth Hormone — dependent Sulfation Factor by Estrogen. J. Clin. Endocrinol. Metab. 34 : 51, 1972.

22. WOLFF, G., MONEY, J.: Relationship Between Sleep and Growth in Patients With Reversible Somatotropin Deficiency (Psychosocial Dwarfism). Psychological Med. 3, 18 (1973).

Authors' address: Prof. Dr. MARIA NEW, The New York Hospital-Cornell Medical Center, Department of Pediatrics, Division of Pediatric Endocrinology, 525 East 68th Street, New York, NY 10021, U. S. A.

Pädiatrie und Pädologie, Suppl. 5, 13—28 (1977)

Androgènes Plasmatiques et Maturation de l'Axe Hypothalamo-Hypophyso-Gonadique Chez le Nourrisson et l'Enfant

Par

Maguelone G. Forest

Unité de Recherches Endocriniennes et Métaboliques chez l'Enfant, Hôpital Debrousse, Lyon, France

Avec 9 Figures

Resumé

Les androgènes plasmatiques, testostérone (T) et Δ^4-androstenedione (Δ^4) ont été mesurés par dosages radioimmunologiques spécifiques (RIA) chez 245 nourrissons de moins de 1 an, chez 70 enfants prépubères et chez 250 adolescents en cours de puberté. Lex taux circulants de T et Δ^4 leurs variations selon l'âge, le sexe, et l'un par rapport à l'autre, suggèrent que:

1. à la naissance T et Δ^4 sont produits par le foetus et chez le garçon existe une importante activité endocrine testiculaire;
2. après le sexième mois de vie il n'y a plus d'activité sécrétoire testiculaire notable;
3. l'activation prépubertaire de la production androgénique (adrénarche) est similaire dans le deux sexes mais leur chronologie en est différente pour chaque androgène: les taux de Δ^4 montent après l'âge de 8 ans, ceux de T seulement après l'âge de 10 ans;
4. durant la puberté l'augmentation de T et Δ^4 diffère à nouveau considérablement selon le sexe.

Bien que la maturation progressive de la production des hormones stéroïdiennes androgènes signant la "puberté surrénalienne" soit bien documentée, le rôle de ces androgènes dans la maturation de l'axe hypothalamo-hypophyso-gonadique reste encore hypothétique.

Summary

Plasma Androgens and Maturation of the Hypothalamo-Pituitary-Gonadal Axis in Infants and Children

The plasma androgens testosterone (T) and Δ^4-androstenedione (Δ^4) were measured by RIA in 245 children under 1 year of age, in 70 children of prepubertal age, and in 250 adolescents during puberty. The values presented in the tables, and their changing relation to each other, suggest, that

1. at birth T and Δ^4 are of fetal origin demonstrating the important endocrine function of the fetal testis;
2. after 6 months of age there is no significant endocrine activity of the gonads any more;
3. the prepubertal activation of the adrenal androgens production (adrenarche) is similar in the 2 sexes but their chronology is different for each androgen: an increase is observed after age 8 for Δ^4, after age 10 for T.
4. in puberty the increase of T- and Δ^4-values differs markedly according to the two sexes.

So, while the gradual prepubertal maturation of androgen steroid production, passing the stage of "adrenal puberty", could be demonstrated convincingly, the role of the different androgens in the maturation of the "gonadostat" (hypothalamo-pituitary complex) still remains a matter of hypothesis.

Introduction

Il est actuellement bien établi que la fonction endocrine des gonades est sous le contrôle d'un système neuro-endocrine complexe dont les mécanismes de régulation sont, à l'âge adulte, différents dans le sexe masculin et féminin. Les données expèrimentales accumulées depuis une dizaine d'années ont permis d'établir que le système cybernétique hypothalamo-hypophyso-gonadique n'était pas "mature" à la naissance, mais qu'il fonctionnait cependant déjà dans l'enfance [1—4, 11, 12, 14, 15]. En particulier, le rétro-contrôle négatif exercé par les stéroïdes sexuels circulants (testostérone, dihydrotestostérone, oestradiol) sur le complexe hypothalamo-hypophysaire, nommé d'après Grumbach le "gonadostat", existe dès avant la naissance [1, 4, 11].

Il reste difficile d'extrapoler entre elles les données expérimentales, car d'une espèce à l'autre le système nerveux central n'a pas atteint, à la naissance, le même stade de maturation. Cependant ces études expérimentales

Tableau 1. *Schéma simplifié de la biosynthèse des androgènes*

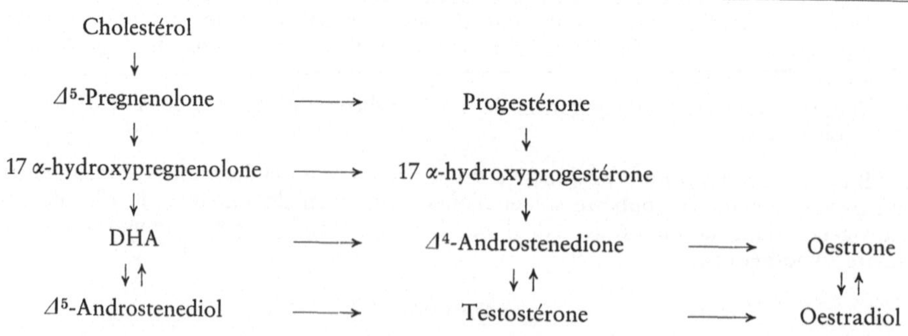

ont permis une avance considérable dans la compréhension de l'établissement de la maturation et des changements survenant avec l'âge dans les mécanismes de contrôle de la fonction gonadique [1—4]. Les techniques relativement récentes, radioimmunologiques (RIA), ont ouvert l'ère de la mesure précise, sinon toujours spécifique, des hormones stéroïdes sexuelles (Tab. 1) des stimulines hypophysaires (LH et FSH) et du facteur de sécrétion de ces dernières (LRF). Elles ont ainsi permis l'établissement des relations sécrétoires quantitatives des différents étages de l'axe neuro-endocrinien.

Le but de cet exposé est tout d'abord de faire la synthèse de nos études de l'évolution avec l'âge des concentrations des androgènes plasmatiques dans l'espèce humaine, tout particulièrement chez le nourrisson et l'enfant. Nous envisagerons ensuite comment on peut inclure ces résultats dans le schéma de la maturation de l'axe hypothalamo-hypophyso-gonadique. Nous présenterons enfin notre conception actuelle de la maturation du gonadostat.

Matériel et méthodes

Les androgènes plasmatiques ont été mesurés par des techniques radio-immunologiques (RIA) spécifiques et sensibles. Les caractéristiques de ces RIA ont été déjà rapportées pour la testostérone [7, 15] et la Δ^4-androstenedione [9, 15]. Toutes ces mesures ont été faites après séparation chromatographique sur colonne de célite.

Des prélèvements de sang ont été obtenus sur héparine à partir du cordon de 105 enfants normaux nés à terme au moment de l'accouchement spontané par voie basse et en veine périphérique chez 245 nourrissons normaux âgés de 0 à 361 jours, chez 70 enfants prépubères et 250 adolescents en cours de puberté. Un groupe de 70 adultes normaux a également été étudié pour comparaison. Le plasma immédiatement centrifugé, décanté, a été gardé à —20° C jusqu'à l'analyse.

Tous les sujets étudiés ont été considérés comme normaux après examen clinique soigneux. Les adultes, adolescents de tous âges, et la plupart des enfants étaient "volontaires"; le groupe des nourrissons et plus jeunes enfants a surtout consisté de sujets vus au cours d'affection bénigne non endocrinienne ni métabolique et dont tous les paramètres biologiques et cliniques étaient normaux.

Les enfants et adolescents ont été classés par stade pubertaire selon la description de Tanner [31].

L'analyse des résultats a été faite soit par le test de Wilcoxon soit par le test t de Student.

Résultats et discussion

I. Evolution des Androgènes Plasmatiques Avec l'Age

1) Période périnatale

a) *A la naissance,* la testostérone plasmatique dans le sang du *cordon* est significativement plus élevée chez le garçon que chez la fille (Tab. 2). Ceci suggère qu'une activité testiculaire est encore présente à la naissance [10]. Cependant aucune des études de la littérature n'a rapporté une telle différence liée au sexe. Nous pensons que ceci tient d'une part à la meilleure sensibilité des dosages RIA comparés aux techniques antérieurement utilisées (double dilution isotopique ou chromatographie en phase gazeuse) et d'autre part au plus grand nombre de sujets étudiés. Par ailleurs, le sang total du cordon est un mauvais reflet des concentrations endogènes d'hormones circulant chez le foetus lui-même.

Nous avons donc mesuré les androgènes dans le sang *périphérique* du nouveau-né (Tab. 2). Chez le garçon le premier jour de vie, les taux plasmatiques de testostérone (T) sont considérablement plus élevés que dans le sang du cordon et encore plus significativement ($p < 0,001$) supérieurs chez le garçon que chez la fille (Fig. 1) où ils sont similaires à ceux observés chez la femme adulte (Tab. 2).

Les taux de Δ^4-androstenedione (Δ^4) sont également élevés à la naissance dans les deux sexes et sont, dans le cordon, du même ordre de grandeur que ceux trouvés chez l'adulte (Tab. 2). Cependant il existe aussi pour la Δ^4 un gradient en faveur du sang périphérique où les taux sont deux à trois fois plus élevés que dans le sang du cordon (Fig. 1).

Ces résultats suggèrent que, à la naissance, T et Δ^4 sont d'origine foetale et que l'activité endocrine du testicule est importante à cette période.

b) *Au cours de la première enfance,* les taux de T et Δ^4 suivent une évolution bien particulière et différente selon le sexe tout au cours des premiers mois de vie [8—10].

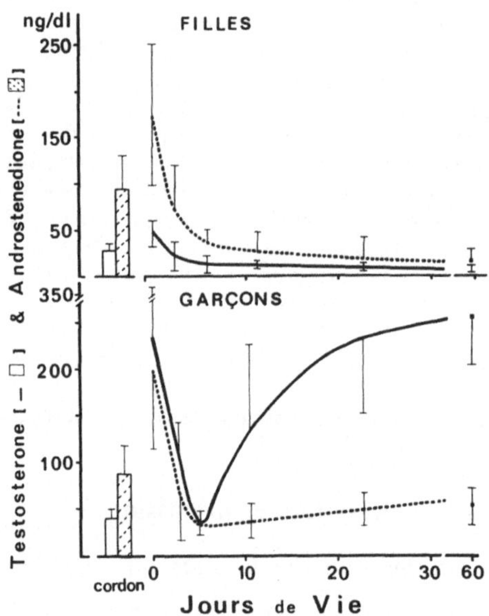

Fig. 1. Concentrations plasmatiques (moyenne ±1 D.S.) de testostérone et de Δ^4-androstenedione dans le cordon et le sang périphérique depuis la naissance jusqu'au deuxième mois de vie chez le nourrisson normal

(Forest et Cathiard, J. Clin. Endocrinol. Metab. 1975, *41,* 977)

Chez la petite fille (Tab. 2, Fig. 1), les taux de T diminuent rapidement les deux premières semaines de la vie à des valeurs basses qui ne changeront pas tout le long de la première année de vie.

Les taux de Δ^4 suivent une évolution très similaire: décroissance rapide pendant la première semaine de vie puis plus lente pendant le mois suivant. Après le sixième mois, les taux de Δ^4 ne varient plus jusqu'à la fin de la première année de vie.

Chez le petit garçon au contraire, la T plasmatique suit une évolution triphasique (Fig. 2): les taux de T plasmatique qui à la naissance (228 ng/

100 ml) sont environ la moitié de ceux de l'adulte normal (595 ng/100 ml) diminuent très rapidement en une semaine, d'environ 10 fois, pour atteindre

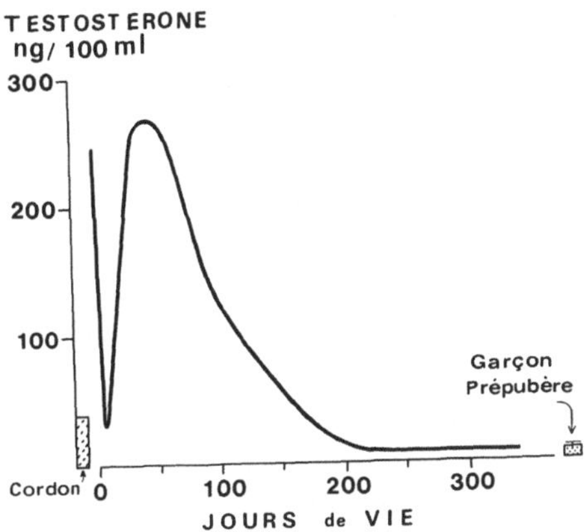

Fig. 2. Evolution des taux moyens circulants de testostérone chez le nourrisson masculin normal au cours de la première année de vie. Figure de synthèse des résultats publiés par FOREST *et al.* [7—11]

à la fin de la première semaine de vie des valeurs (32 ng/100 ml) similaires à celles de la femme adulte (Tab. 2). Puis les taux de T augmentent entre la deuxième et la quatrième semaine de vie de façon très importante. A 1 mois

Tableau 2. *Evolution avec l'âge et selon le sexe des concentrations plasmatiques* (exprimées en ng/100 ml, moyennes ± 1 D. S.) de testostérone (T) et de Δ^4-androstenedione (Δ^4)

	Sexe masculin T	Δ^4	Sexe féminin T	Δ^4	Ref. n⁰
A la naissance					
cordon	39,4 ± 11*	86,4 ± 30,2	29,2 ± 7,6*	92,6 ± 37,9	10
veine périphérique	228 ± 128,7*	197 ± 92,2	46,3 ± 13,9*	173,8 ± 75,4	10
Période périnatale					
1—2 semaines	32,4 ± 14,2*	34,9 ± 17,3	13,1 ± 9,9*	33,2 ± 17	10
1—3 mois	247,7 ± 49,1*	43,0 ± 13,0*	8,0 ± 3,7*	19,0 ± 7*	8,9
Période prépubertaire					
1— 7 ans	6,7 ± 2,5	11,5 ± 6,2	6,7 ± 2,5	11,5 ± 6,2	7,13
8—11 ans	6,7 ± 2,5	37,0 ± 19	6,7 ± 2,5	48,5 ± 22	7,13
Age adulte	595 ± 160*	106 ± 18,7*	37,2 ± 9,6*	151 ± 38*	15

* Valeurs significativement différentes entre le sexe masculin et le sexe féminin.

d'âge les taux circulants de T sont identiques à ceux observés à la naissance et le restent pendant environ 1 mois. Du 2ème au 7ème mois de vie, les concentrations plasmatiques de T diminuent à nouveau plus lentement et de façon corrélative avec l'âge (Fig. 2). A toutes ces périodes, T reste significativement plus élevée chez le garçon que chez la fille. Après le 7ème mois de vie les taux de T, qui ne varient plus jusqu'à la fin de la première année de vie, sont alors identiques dans les deux sexes.

Les taux de Δ^4 diminuent également rapidement la première semaine de vie (Fig. 1). Mais, alors que chez la petite fille la Δ^4 continue de décroître plus lentement, elle réaugmente modestement mais significativement chez le petit garçon du dixième au trentième jour de vie, puis rediminue à nouveau (Tab. 2). Entre 1 et 6 mois de vie, les valeurs de Δ^4 sont plus élevées chez le garçon que chez la fille. La différence liée au sexe n'est cependant significative qu'entre 1 et 3 mois. Après le sixième mois de vie, les taux de Δ^4 sont identiques chez garçons (10,9 ± 2,7 ng/100 ml) et filles (11 ± 1 ng/100 ml) et ne varient plus jusqu'à la fin de la première année de vie.

c) *Activité testiculaire post-natale.* Les androgènes plasmatiques ont une double origine, gonadique et surrénale. Si le testicule est l'organe de sécrétion primordial de testostérone, cette hormone peut également, chez l'enfant prépubère et la femme adulte, provenir de la corticosurrénale par l'intermédiaire

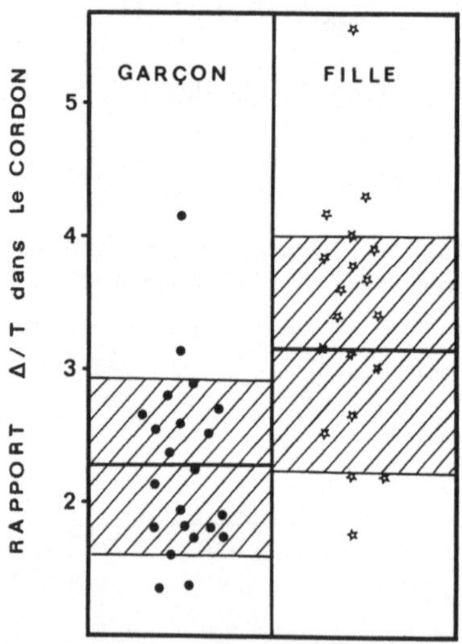

Fig. 3. Rapport des concentrations plasmatiques de Δ^4-androsternedione et de testostérone dans le sang du cordon

de la conversion périphérique des précurseurs qu'elle sécrète (en particulier la Δ et la DHA). La Δ^4 au contraire, est sécrétée en majorité par la corticosurrénale mais l'est également par la gonade (ovaire et testicule) en période d'activité adulte.

L'observation de taux de T très supérieurs chez le garçon pendant les six premiers mois de vie est un argument majeur en faveur de son origine testiculaire.

L'évolution bien particulière durant la première année de vie des taux de T et Δ^4 selon le sexe et les uns par rapport aux autres, suggère les points suivants:

Les taux élevés de Δ^4 dans les deux sexes reflèteraient l'activité importante de la surrénale foetale, comme en témoignent également les taux très élevés de déhydroépiandrostérone (DHA) à cet âge [24—26]. Ces deux hormones (Δ^4 et DHA) diminuent parallèlement pendant l'enfance et ceci en corrélation avec la disparition progressive de la zone foetale de la corticosurrénale [26].

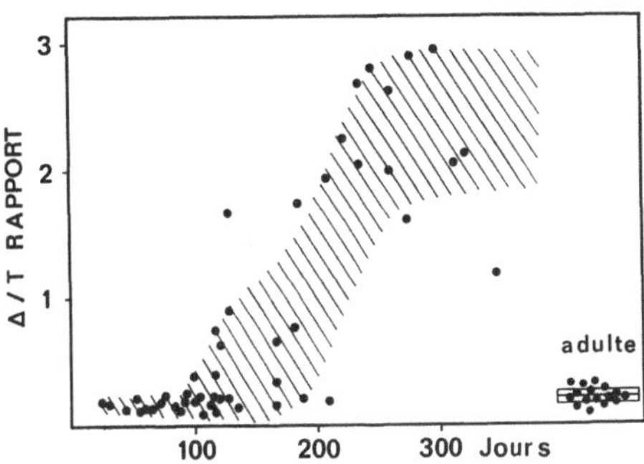

Fig. 4. Evolution du rapport des taux de Δ^4-androstenedione et de testostérone au cours de la première année de la vie chaz le nourrisson masculin normal comparé à l'homme adulte normal

L'importance sécrétion surrénalienne rendrait compte d'une part des taux relativement élevés de T constatés à la naissance chez la fille, si on les compare à ceux du nourrisson de 1 à 12 mois, et d'autre part de l'importance du rapport des taux de Δ^4 sur ceux der T (Δ/T) constatés à la naissance [10]. Ce rapport Δ/T est cependant significativement différent selon le sexe, que ce soit dans le cordon ($2,3 \pm 0,7$ et $3,2 \pm 0,9$ chez le garçon et la fille respectivement) ou dans le sang périphérique ($1,05 \pm 0,55$ et $3,82 \pm 1,23$ chez le garçon et la fille respectivement).

Chez le garçon, à l'âge du "pic" de testostérone, le rapport Δ/T ($0,2 \pm 0,04$) est alors égal à celui de l'homme adulte ($0,2 \pm 0,05$) (Fig. 4). Entre 1 et 7 jours, Δ/T augmente progressivement pour rediminuer entre 7 et 30 jours et réaugmente ensuite jusqu'à 7 mois, âge où il ne varie plus et égale $2,3 \pm 0,6$ [9]. Chez la fille, Δ/T diminue en deux semaines pour atteindre ensuite une valeur moyenne de $2,56 \pm 0,93$ tout au cours de la première année de vie (Fig. 5). De 7 à 12 mois il est identique dans les deux sexes [9]. Il reste cependant très significativement inférieur ($p < 0,01$) à celui de la femme adulte normale ($4,4 \pm 1,5$) chez laquelle la sécrétion ovarienne participe de façon importante au pool périphérique de Δ^4.

Ces faits suggèrent d'une part une variation de sécrétion et de métabolisme des androgènes surrénaliens dans les premières semaines de la vie et d'autre part qu'après le sixième mois de vie il n'y aurait pas de sécrétion endocrine gonadique notable.

2) Période prépubertaire

Entre 1 et 10 ans chez l'enfant n'ayant aucun signe clinique de puberté les taux de testostérone ne varient ni avec l'âge ni avec le sexe, étant respectivement de 6,62 ± 2,46 ng/100 ml chez le garçon et de 6,58 ± 2,48 ng/100 ml chez la fille [7]. Les mêmes constatations ont été retrouvées dans une étude ultérieure [6]. Ce n'est qu'à l'âge de 10—11 ans qu'une augmentation minime, bien que non significative, des taux de T est observée. Mais à cet âge la plupart des enfants vont entrer en début de puberté. Par contre, chez des enfants présentant un agonadisme primaire [7], que ce soit dans le syndrome de Turner chez la fille ou chez le garçon agonadique, ou chez l'enfant des deux sexes présentant un retard pubertaire simple (données non publiées), une augmentation significative et similaire dans les deux sexes des taux de T s'observe après l'âge de 11 ans : 11—13 ans, T = 13,35 ± 4 ng/100 ml.

Par contre, entre 1 et 11 ans en période prépubertaire, les taux de Δ^4 varient avec l'âge (Tab. 2). Entre 1 et 7 ans, tout en restant identiques dans les deux sexes, les valeurs de Δ^4 sont similaires à celles observées chez le

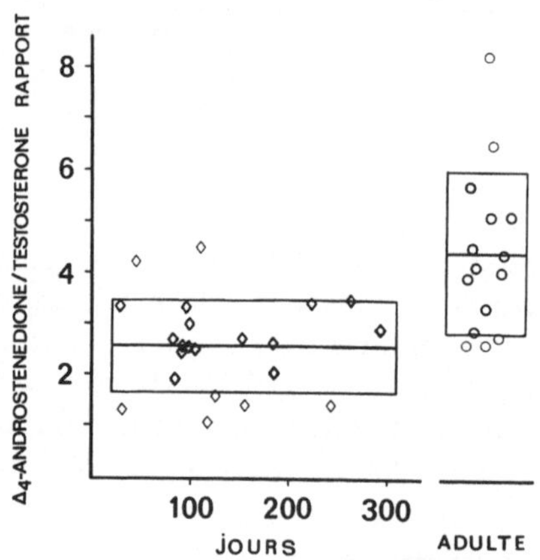

Fig. 5. Rapport du taux de Δ^4-androstenedione et de testostérone chez le nourrison féminin normal comparé à celui de la femme adulte normale

nourrison âgé de 6 à 12 mois (Tab. 2). Une augmentation significative est observée après l'âge de 8 ans ([6, 13] et données non publiées), augmentation bien plus marquée chez la fille, précédant d'environ une année celle observée chez le garçon. Cette augmentation est progressive avec l'âge chronologique, hautement corrélative avec la maturation osseuse [6] (Fig. 6).

L'augmentation en fonction de l'âge des taux de Δ^4 s'inscrit dans les modifications prépubertaires des sécrétions corticosurrénaliennes appellées "adrenarche" et dont le stigmate de plus précoce (6—7 ans) est l'augmentation de la sécrétion de DHA [6, 24, 26, 30] (Fig. 6).

3) Période pubertaire

A cette période, chez le garçon, l'augmentation des taux circulants de T marque le début de l'activité sécrétoire pubertaire du testicule. Les concentrations plasmatiques de T augmentent selon deux pentes bien distinctes: première montée progressive des stades pubertaires de Tanner P_2 à P_3 puis

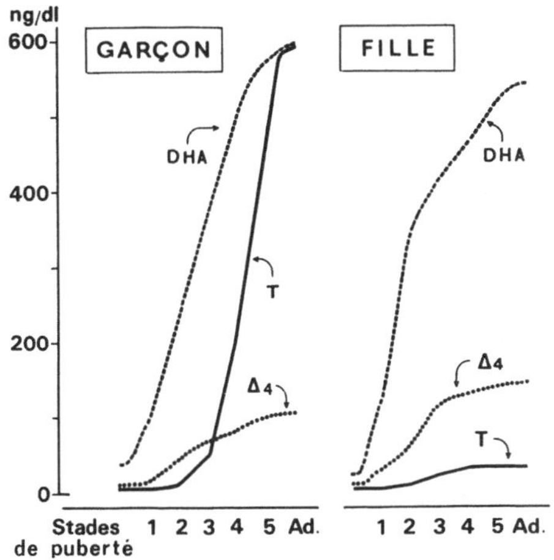

Fig. 6. Evolution prépubertaire et pubertaire des concentrations plasmatiques moyennes de testostérone (T), Δ^4-androstenedione (Δ^4) et déhydroépiandrostérone (DHA). Les différents stades de puberté ont été classifiés selon Tanner; Ad = Adulte. Ce schéma a été établi sur les valeurs moyennes obtenues, pour chaque stade pubertaire, par FOREST (non publiées) pour T et Δ^4 et par de PERETTI et FOREST [26] pour la DHA

montée explosive après le stade P_3 jusqu'au stade P_5 (Fig. 6). Chez la fille, la montée des taux de T est progressive entre les stades P_2 et P_4; au stade P_4 les taux adultes sont déjà atteints (Fig. 6).

Le profil de l'augmentation pubertaire de Δ^4 est également différent selon le sexe: chez le garçon l'augmentation est progressive du stade P_2 jusqu'à P_5 alors que chez la fille les taux adultes sont atteints en fin de stade P_4 (Fig. 6).

En résumé, l'étude des concentrations plasmatiques de T et de Δ^4 nous a permis de démontrer que:

— le testicule est sécrétoirement très actif à la naissance;

— l'existence d'une "activation post-natale de l'axe hypothalamo-hypophyso-gonadique";

— la maturation prépubertaire des sécrétions corticosurrénales ou "adrenarche";

— la sécrétion prépondérante gonadique ou surrénale des stéroïdes sexuels (T en particulier) en fonction des trois périodes, périnatale, prépubertaire et pubertaire, qui est schématisée dans le Tab. 3.

II. Maturation de l'Axe Hypothalmo-Hypophyso-Gonadotrope

L'édifice neuro-endocrinien contrôlant la fonction gonadotrope, dont la maturation s'achève et ne se réalise qu'une fois la puberté achevée, est réparti sur plusieurs niveaux s'autorégulant: niveau central (extra-hypothalamique, hypothalamique, antehypophysaire), niveau intermédiaire (gonadique) et niveau périphérique (organes cibles).

Les processus d'autorégulation de cet ensemble sont différents selon le sexe et l'âge. L'activité adulte cyclique féminine ou tonique masculine de l'hypothalamus restent sous le contrôle des neuroamines cérébrales et des

Tableau 3. *Origine des stéroïdes sexuels*

Gonade	Corticosurrenale
Foetale	?
Périnatale	Périnatale
?	*Prépubertaire*
Pubertaire	Pubertaire

stéroïdes sexuels circulants. C'est pourquoi l'on dénomme "gonadostat" l'ensemble des centres hypothalamiques et hypophysaires, et la régulation de leur activité par la concentration des stéroïdes sexuels circulants "les rétro-contrôles négatif ou positif". C'est en grande partie grâce à la mesure, dans des conditions de base ou après épreuves de stimulation ou de freination, des hormones circulantes produites à ces trois niveaux (hypothalamique, hypophysaire et gonadique) qu'ont pu être établies les variations avec l'âge de l'équilibre de cet édifice neuro-endocrinien.

Il nous est impossible de faire ici la revue de la somme des travaux qui ont amené au concept de la maturation de l'axe neuro-endocrinien gonadotrope [1—4, 14]. Nous voulons seulement en rappeler très brièvement les étapes essentielles:

— *Foetale.* Grâce à la mesure du LRF et des gonadothrophines [16, 17, 23, 28] ou des stéroïdes [27], il est actuellement admis que chez le foetus une activité relativement autonome du système hypothalamo-hypophysaire caractériserait la première partie de la vie foetale (jusqu'à la 24ème semaine). L'établissement des relations entre l'hypothalamus et les stéroïdes circulants (rétro-contrôle négatif) ne survient que secondairement et progressivement après le sixième mois de gestation, un peu plus rapidement selon Grumbach [17] chez le garçon que chez la fille, du fait de la sécrétion foetale testiculaire de testostérone.

— *Périnatale.* A la naissance, le rétro-contrôle négatif existerait mais fonctionnant à un haut niveau de sensibilité, comme en attestent les quantités importantes de stéroïdes sexuels circulants (oestradiol dans les deux sexes, testostérone chez le garçon). La baisse transitoire de T (donc d'activité testiculaire) observée pendant la première semaine de vie résulterait de la disparition de la stimulation testiculaire par la gonadotrophine placentaire [10]. C'est par mécanisme de feedback négatif (chute de T, augmentation de LH) que serait stimulée l'hypophyse du nourrisson, chez lequel les taux circulants de LH et FSH sont alors très élevés (Fig. 7) comme nous l'avons

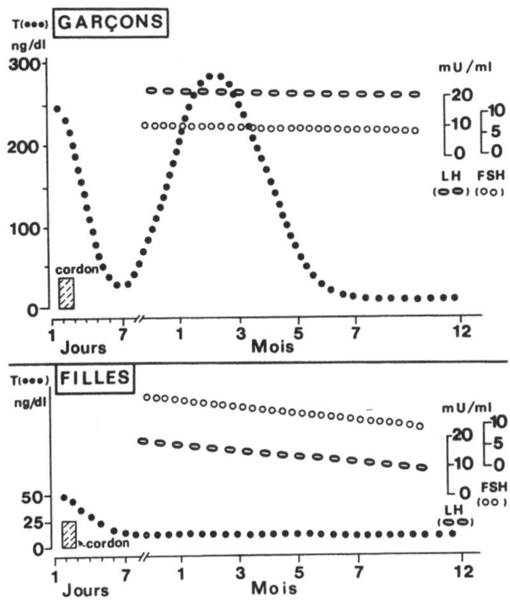

Fig. 7. Schéma évolutif des concentrations moyennes de testostérone (T), d'hormone lutéinisante (LH) et d'hormone folliculinotrope (FSH) au cours de la première année de vie chez le garçon et chez la fille nés à terme et normaux. Figure de synthèse des données publiées par FOREST *et al.* [9, 10]

rapporté [9] et comme cela a été également confirmé [32]. Après administration exogène d'androgènes synthétiques (fluoxymestérone), nous avons également observé une freination hypophyso-testiculaire [12]. Ce dernier test ne permet cependant pas d'estimer le seuil de sensibilité du gonadostat à cette période. Selon le concept classiquement admis actuellement, ce seuil de sensibilité serait donc élevé (taux élevés de LH, FSH et T) [8—10, 32, 33]. Au cours de la première année de vie, la sensibilité du gonadostat à la freination par les stéroïdes augmente progressivement (Fig. 8).

Prépubertaire. Durant toute cette période, stéroïdes sexuels [6, 7, 26] et gonadotrophines [22] sont au niveau le plus bas constaté au cours del a vie, le seuil de sensibilité du gonadostat est également à son niveau le plus bas (Fig. 8).

Pubertaire (Fig. 8). Cette période se caractérise par une élévation progressive du seuil de sensibilité du gonadostat [18]: sa freination demande des taux de plus en plus élevés de stéroïdes sexuels (Fig. 6), d'où une plus grande activité à tous les niveaux. En même temps, il existe une augmentation de la sensibilité hypothalamo-hypophyso-gonadique à ses propres stimuli, avec en particulier augmentation de la réponse hypophysaire à la stimulation par le LRF [19, 29].

L'apparition d'un cycle nycthéméral de l'activité du complexe hypothalamo-hypophyso-gonadique est aussi le témoin de la maturation sexuelle de système nerveux central. Au stade P_2, P_3, apparaissent des décharges nocturnes de LH dont l'amplitude est beaucoup plus importante qu'à l'âge adulte [5] et qui sont accompagnées de décharges de testostérone [20]. Enfin, la mise en route du rétro-contrôle positif exercé par les oestrogènes n'apparaît qu'en fin de puberté [18, 21].

III. Androgènes et Maturation du Gonadostat

Ainsi donc la "description" des relations hormonales à chaque niveau de l'axe neuro-endocrinien se fait de plus en plus précise. Nous avons actuellement la connaissance des "niveaux sécrétoires" des androgènes (T, Δ^4, DHA) et des gonadotrophines (LH, FSH) caractéristiques des étapes de la maturation

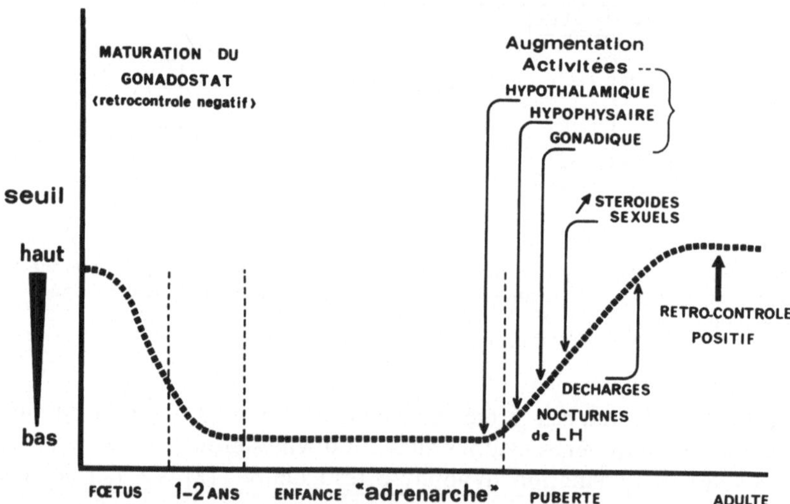

Fig. 8. Schéma du concept actuellement admis de la maturation du gonadostat, au cours des trois étapes principales, périnatale, prépubertaire et pubertaire

sexuelle, laquelle, selon nous, n'est qu'un long processus de maturation de la conception à la puberté achevée. Par contre, les mécanismes de régulation de ces différentes étapes sont bien loin d'être élucidés.

Selon le concept actuel de la maturation du gonadostat [1—3] (Fig. 8), l'établissement d'un seuil de sensibilité très bas représenterait une première étape de maturation, alors que l'élévation de ce seuil selon la théorie de Donovan and Van der Werff ten Bosch [1] serait le phénomène déclenchant la puberté. Jusqu'à ce jour aucun du ou des facteurs supposés "stimulateurs" de ces changements (Fig. 9) et qui sont vraisemblablement d'origine centrale extra-hypothalamique n'a été mis en évidence.

Considérant la similitude des relations hypophyso-testiculaires en période périnatale et en période pubertaire, nous aimerions émettre en toute spéculation l'hypothèse de l'existence d'un ou de plusieurs facteurs *inhibiteurs*

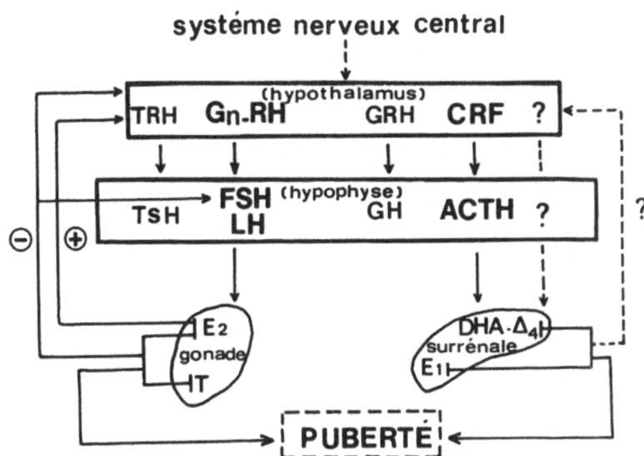

Fig. 9. Schéma montrant l'ensemble des interrelations entre les divers étages de l'axe hypothalamo-hypophyso-gonadique et les agents médiateurs de la maturation de cet axe concourant à la mise en route de la puberté

d'origine extra-hypothalamique, agissant au niveau hypothalamo-hypophysaire pendant toute la prépuberté (Fig. 8). Durant toute cette période le seuil de rétro-contrôle négatif serait bas du fait de l'inhibition du gonadostat et résulterait en une "mise au repos" des gonades. Le fait qu'à tout âge, en période prépubertaire, la stimulation par LH ou la gonadotrophine chorionique entraîne une réponse importante et rapide de la sécrétion testiculaire serait en faveur de cette hypothèse. La levée de cette "inhibition" caractériserait l'entrée en puberté. De même la diminution en période périnatale, puis la réaugmentation prépubertaire de la sécrétion androgénique surrénalienne pourraient également résulter d'une inhibition centrale dont la levée serait responsable de l'adrénarche.

Il n'en reste pas moins que les facteurs déclenchant la puberté restent à découvrir.

Conclusion

L'étude ontogénique des concentrations plasmatiques des androgènes a permis de décrire de façon de plus en plus précise d'une part les étapes du développement de la fonction gonadique avec ses périodes d'activité propres (foetale, périnatale chez la garçon et pubertaire dans les deux sexes) et d'autre part d'établir l'existence d'une maturation prépubertaire des sécrétions corticosurrénaliennes, si particulière que nous aimons l'individualiser en tant que "puberté surrénale".

Par contre, on en est encore aux hypothèses pour ce qui est du rôle des différents androgènes dans la maturation de l'axe hypothalamo-hypophyso-gonadique: que ce soit l'établissement du rétro-contrôle négatif chez le foetus ou la maturation du comportement sexuel en période périnatale par la testostérone, que ce soit le rôle permissif de la Δ^4-androstenedione et la DHA [6, 11] sur la maturation du système nerveux central contrôlant le déclenchement de la puberté.

Remerciements

Nous adressons nos plus vifs remerciements au Pr. Jean Bertrand pour l'intérêt qu'il porte à ce travail, aux Prs. M. Jeune et R. François qui nous ont permis d'explorer quelques-uns de leurs malades. Nous remercions également Mlle A. M. Cathiard pour son excellente collaboration technique et Mlle J. Bois pour son travail de secrétariat dévoué et efficace.

Supporté par l'INSERM et en particulier par les contrats INSERM, ATP 6, no. 74-27, et ATP 33-76-65.

Références

Les lecteurs pourront plus particulièrement consulter les trois ouvrages de synthèse suivants:

1. The Control of the Onset of Puberty (eds. M. M. Grumbach, G. D. Grave, F. E. Mayer). New York: John Wiley and Sons Publish 1974.
2. Colloque International sur l'Endocrinologie Sexuelle de la Période Périnatale (eds. M. G. Forest, J. Bertrand), Vol. 32. Paris: Colloque INSERM 1974.
3. Endocrinology of Puberty (Ramirez, V. D.). In: Handbook of Physiology, Vol. II, Part 1, pp. 1—28 (eds. R. O. Greep, E. B. Astwood). Baltimore: Williams and Wilkins 1973.
4. Bertrand, J., Forest, M. G., de Peretti, E.: La fonction gonadotrope du foetus, du nourrisson et de l'adolescent. Dans: La fonction gonadotrope, pp. 91—113 (Congrès des Endocrinologistes de Langue Française, Tunis, Sept. 1975). Paris: Massoned 1975.
5. Boyar, E., Finkelstein, J. W., Roffwarg, H., Kapen, S., Weitzman, E., Hellman, L.: Synchronization of Augmented Luteinizing Hormone Secretion With Sleep During Puberty. N. Engl. J. Med. **287**, 582—586 (1972).
6. Ducharme, J. R., Forest, M. G., de Peretti, E., Sempe, M., Collu, R., Bertrand, J.: Plasma Adrenal and Gonadal Sex Steroids in Human Pubertal Development. J. Clin. Endocrinol. Metab. **42**, 468—476 (1976).
7. Forest, M. G., Cathiard, A. M., Bertrand, J.: Total and Unbound Testosterone Levels in the Newborn and in Normal Hypogonadal Children: Use of a Sensitive Radioimmunoassay for Testosterone. J. Clin. Endocrinol. Metab. **36**, 1132—1142 (1973).
8. Forest, M. G., Cathiard, A. M., Bertrand, J. A.: Evidence of Testicular Activity in Early Infancy. J. Clin. Endocrinol. Metab. **37**, 148—151 (1973).
9. Forest, M. G., Sizonenko, P. C., Cathiard, A. M., Bertrand, J.: Hypophysogonadal Function in Human During the First Year of Life. I. Evidence for Testicular Activity in Early Infancy. J. Clin. Invest. **53**, 819—828 (1974).
10. Forest, M. G., Cathiard, A. M.: Pattern of Testosterone and Androstenedione During the First Month of Life: Evidence for Testicular Activity at Birth. J. Clin. Endocrinol. Metab. **41**, 977—980 (1975).
11. Forest, M. G.: Differentiation and Development of the Male. Clinics in Endocrinology and Metabolism, Vol. 4, no. 3, chapter 4, Novembre 1975, pp. 569—596.

12. FOREST, M. G., SAEZ, J. M., BERTRAND, J.: Present Concept of Initiations of Puberty. Neonatal and Prepubertal Hormonal Influences. In: Some Aspects of Hypothalamic Regulation of Endocrine Functions, pp. 339—367. Stuttgart—New York: F. K. Schattauer Verlag 1975.

13. FOREST, M. G., CATHIARD, A. M., BERTRAND, J.: Testicular Contribution to Peripheral Androstenedione (Δ) and 17α-Hydroxyprogesterone (17 OHP) in Relation to Age in Prepubertal Subjects With Normal and Abnormal Sexual Differentiation. Pediatric Research **9**, 669 (1975).

14. FOREST, M. G., DE PERETTI, E., BERTRAND, J.: Hypothalamic-Pituitary-Gonadal Relationships in Man From Birth to Puberty. Clin. Endocrinol. **5**, 551—569 (1976).

15. FOREST, M. G.: Use of Highly Specific Antibodies Against 17α-OH Progesterone in a Simplified Non Chromatographic RIA and in the Simultaneous Determination of 4 Sex Hormones in Human Plasma. Hormone Research **7**, 260—273 (1976).

16. GILTIN, D., BIASUCCI, A.: Ontogenesis of Immunoreactive Growth Hormone, Follicle Stimulating Hormone, Thyroid-stimulating Hormone, Luteinizing Hormone, Chorionic Prolactin and Chorionivc Gonadotropin in the Human Conceptus. J. Clin. Endocrinol. Metab. **29**, 926—935 (1969).

17. GRUMBACH, M. M., KAPLAN, S. L.: Ontogenesis of Growth Hormone, Insulin, Prolactin, and Gonadotropin Secretion in the Human Foetus. In: Advances in Foetal and Neonatal Physiology (eds. K. W. CROSS, P. NATHANIELSZ), pp. 462—487. Cambridge: Cambridge University Press 1973.

18. GRUMBACH, M. M., ROTH, J. C., KAPLAN, S. L., KELCH, R. P.: Hypothalamic-Pituitary Regulation of Puberty. Evidence and Concepts Derived From Clinical Research. In: The Control of the Onset of Puberty (eds. M. M. GRUMBACH, G. D. GRAV, F. E. MAYER). New York: John Wiley and Sons Publish. 1974.

19. JOB, J. C., GARNIER, P. E., CHAUSSAIN, J. L., BINET, E., RIVAILLE, P., MILHAUD, G.: Effect of Synthetic Luteinizing Hormone-Releasing Hormone (LH-RH) on Serum Gonadotropins (LH and FSH) in Normal Children and in Adults. Rev. Eur. Et. Clin. Biol. **17**, 411—414 (1972).

20. JUDD, H. L., PARKER, D. C., SILVER, H. M., YEN, S. S. C.: The Nocturnal Rise of Plasma Testosterone in Pubertal Boys. J. Clin. Endocrinol. Metab. **38**, 710—713 (1974).

21. KARSCH, F. J., DIERSCHKE, D. J., KNOBIL, E.: Sexual Differentiation of Pituitary Function: Apparent Difference Between Primates and Rodents. Science **179**, 484—486 (1973).

22. KULIN, H. E., REITER, E. O.: Gonadotropins During Childhood and Adolescence: a Review. Pediatrics **51**, 260—271 (1973).

23. LEVINA, S. E.: Endocrine Features in Development of Human Hypothalamus, Hypophysis and Placenta. Gen. Comparat. Endocrinol. **11**, 151—158 (1968).

24. DE PERETTI, E., DUCHARME, J. R., FOREST, M. G.: Pattern of Plasma Concentration of Dehydroepiandrosterone in Human From Birth to Adulthood: Physiological and Pathological Conditions. XIVth International Congress of Pediatrics, Buenos Aeres, 2—9 Oct. 1974, Colloquium Pediatria XIV (ed. Medica Panamerica S. A., Buenos Aires), Vol. 5, p. 212 (1974).

25. DE PERETTI, E., FOREST, M. G.: Radioimmunoassay Method for Unconjugated Plasma Dehydroepiandrosterone. In: Radioimmunoassay of Steroid Hormones (ed. D. GUPTA), pp. 63—72. Weinheim: Verlag Chemie 1975.

26. DE PERETTI, E., FOREST, M. G.: Unconjugated Dehydroepiandrosterone Plasma Levels in Normal Subjects From Birth to Adolescence in Human: the Use of a Sensitive Radioimmunoassay. J. Clin. Endocrinol. Metab. **43**, 982—991 (1976).

27. Reyes, F. I., Boroditsky, R. S., Winter, J. S. D., Faiman, C.: Studies on Human Sexual Development. II. Fetal and Maternal Serum Gonadotropins and Sex Steroid Concentrations. J. Clin. Endocrinol. Metab. **38**, 612—617 (1974).

28. Rice, B. F., Ponthier, R., Sternberg, W.: Luteinizing Hormone and Growth Hormone Activity of Human Fetal Pituitary. J. Clin. Endocrinol. Metab. **28**, 1071—1073 (1968).

29. Roth, J. C., Kelch, R. P., Kaplan, S. L., Grumbach, M. M.: FSH and LH Response to Luteinizing Hormone-Releasing Factor in Prepubertal and Pubertal Children. Adult Males and Patients With Hypogonadotrophic and Hypergonadotrophic Hypogonadism. J. Clin. Endocrinol. Metab. **35**, 926—930 (1972).

30. Sizonenko, P., Paunier, L.: Hormonal Changes in Puberty. III. Correlation of Plasma DHA, Testosterone, FSH and LH With Stages of Puberty and Bone Age in Normal Boys and Girls and in Patients With Addison's Disease or Hypogonadism or With Premature or Late Adrenarche. J. Clin. Endocrinol. Metab. **41**, 894—993 (1975).

31. Tanner, J. M.: In: Endocrine and Genetic Diseases in Childhood (ed. L. L. Gardner), p. 19. Philadelphia: Saunders, W. B. Comp. 1969.

32. Winter, J. S. D., Faiman, C., Hobson, W. C., Prasad, A. V., Reyes, F. I.: Pituitary Gonadal Relations in Infancy. 1. Patterns of Serum Gonadotropin Concentrations From Birth to Four Years of Age in Man and Chimpanzee. J. Clin. Endocrinol. Metab. **40**, 545—533 (1975).

33. Winter, J. S. D., Hugues, I. A., Reyes, F. I., Faiman, C.: Pituitary-Gonadal Relations in Infancy. 2. Patterns of Serum Gonadal Steroid Concentrations in Man From Birth to two Years of Age. J. Clin. Endocrinol. Metab. **42**, 679—686 (1976).

Adresse de l'auteur: Dr. Maguelone Forest, Unité de Recherches Endocriniennes et Métaboliques chez l'Enfant (INSERM U. 34) Hôpital Debrousse, F-69322 Lyon, France.

Pädiatrie und Pädologie, Suppl. 5, 29—36 (1977)

Application of Glass Capillary Gas Chromatography to the Study of Urinary Steroid Excretion in Normal Children and in Patients With Various Endocrinopathies* **

By

W. M. Teller and J. Homoki

Department of Pediatrics, University of Ulm, Federal Republic of Germany

With 7 Figures

Summary

A method of gas chromatography on glass capillary columns (g. c. c. c.) is presented which allows the determination of 26 urinary C_{19} and C_{21} steroid metabolites in one procedure.

Hundredthirtyseven normal individuals of both sexes from 6 months through 32 years of age were studied regarding their urinary steroid patterns. These were compared to the excretion patterns of patients with congenital adrenal hyperplasia before and during treatment and of a child with virilizing adrenal carcinoma. From the results it is concluded that g.c.c.c. may be considered a valuable tool in the study of steroid production and metabolism.

Considerable information regarding steroid metabolism and/or production may be gained by the analysis of urinary steroid patterns. Formerly the separation of steroids was achieved by paper and/or column chromatography.

In recent years two new methods were developed for the determination of steroids: The radioimmune assay of individual steroids, particularly in

* Supported by Deutsche Forschungsgemeinschaft, SFB 87, Project C_3.

** *Abbreviations used in the text:* Oe = estratetrienol (= internal standard), Andro = androsterone, Et = etiocholanolone, DHA = dehydroepiandrosterone, 11-O-Andro = 11-ketoandrosterone, 11-O-ET = 11-ketoetiocholanolone, 11-OH-Andro = 11-hydroandrosterone, 11-OH-ET = 11-hydroxyetiocholanolone, PD = pregnanediol, TH-DOC = tetrahydrodesoxycorticosterone, PT = pregnanetriol, Δ^5-PT = pregnenetriol, THA = tetrahydrodehydrocorticosterone, THB = tetrahydrocorticosterone, THS = tetrahydro-21-desoxycortisol, IS = cholesterylbutyrate (= internal standard), THE = tetrahydrocortisone, THF = tetrahydrocortisol, allo-THF = allo-tetrahydrocortisol, Ch = cholesterol, MO-TMS = Methyloximtrimethysilyl.

plasma, and the gas chromatography of steroid metabolite patterns, particularly in urine. The latter method proved to be unsuitable for the simultaneous fractionation of C_{19} *and* C_{21} metabolites. Usually the penta- and hexahydroxylated C_{21} metabolites were destroyed during the chromatographic procedure with programming of the temperature.

In 1970 VÖLLMIN described a method of gas chromatographic separation of steroids on glass capillary columns. We modified his procedure for the application to the simultaneous fractionation of urinary C_{19} and C_{21} steroids in normal children and patients with various endocrinopathies.

Materials and Method

Subjects

Normal Control Group: The urinary steroid patterns were determined in 137 normal persons between 6 months and 32 years of age. They were 50 female and 78 male probands.

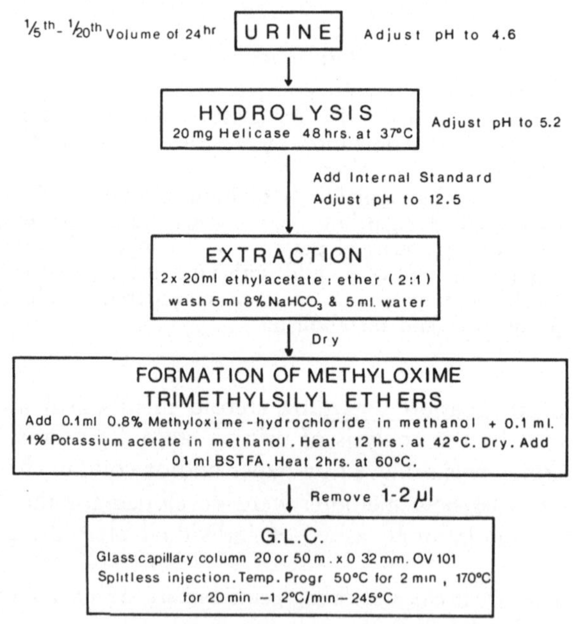

Fig. 1. Flow sheet of the procedure for the fractionation of urinary steroids by capillary glass column chromatography

Patients With Endocrinopathies: As examples of endocrine disturbances with involvement of the steroid producing organs we examined the urinary steroid patterns in 9 patients of various ages and both sexes with congenital adrenal hyperplasia due to 21-hydroxylase deficiency before and during suppressive steroid therapy, and in one $7^{6}/_{12}$ year-old girl with adrenal carcinoma.

Method of glass capillary column chromatography (g. c. c. c.)

One twentieth volume of the 24-hour urine was adjusted to pH 5.2. The hydrolysis war carried out for 48 h with 20 mg of Helicase® at 37° C. Cholesterylbutyrate (IS) and estratetrienol (Oe) were used as internal standards. The extraction was carried out 2 times with ethylacetate: ether, than the extract was washed two times with sodium hydrogencarbonate and distilled water. After evaporation to dryness steroid methyloximes were prepared by adding a mixture of methyloxime-HCl in methanol and N,O-bis-(trimethylsilyl)-trifluoroacetamide. 1—2 μl of the steroid

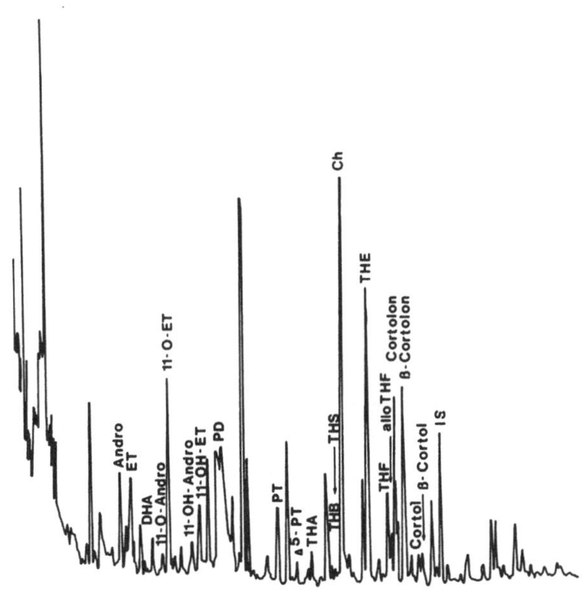

Fig. 2. Gas chromatogram of urinary steroids of a normal $5^{8}/_{12}$ year-old boy

derivates were chromatographed on glass capillary columns together with n-alkans (C_{24}—C_{34}). The columns were 50 m long and had an internal diameter of 0.32 mm; they were coated with methylsilicone. The injection technique was without splitting. The temperature program was as follows: 50° C in 2 min, 170° C isotherm for 20 min and finally 1.2° C/min increase until 245° C. The carrier gas was hydrogen. Flame ionisation detector was employed. The peak areas were calculated by an electronic digital integrator. The identification of a single steroid MO-TMS derivate was carried out by the methylene unit criterion (Novotny and Zlatkis 1970). The final calculation of steroid concentration was as follows:

$$\mu\text{g steroid/24 h} = f \times \frac{\text{surface area } IS}{\text{surface area of steroid}} \times C \times V$$

$f = \dfrac{\text{surface area of steroid standard}}{\text{surface area of } IS}$, C = concentration of steroid standard,

V = dilution factor, IS = internal standard

In Fig. 1 the entire procedure is summarized. The *sensitivity* of the method was at the level of 5 μg of steroid/24-hour urine. The *recovery* following hydrolysis was more than 90 %. The *reproducibility* was checked by the coefficient of variation and amounted to 18 %. 26 steroid metabolites were identified.

Results

Fig. 2 shows the chromatogram of a normal $5^{8}/_{12}$ year-old boy. The relatively small peaks of 11-deoxy C_{19} steroids (androsterone, etiocholanolone and dehydroepiandrosterone) compared to those of C_{21} steroids are noticable. In Fig. 3 the C_{19} steroids have relatively increased. This chromato-

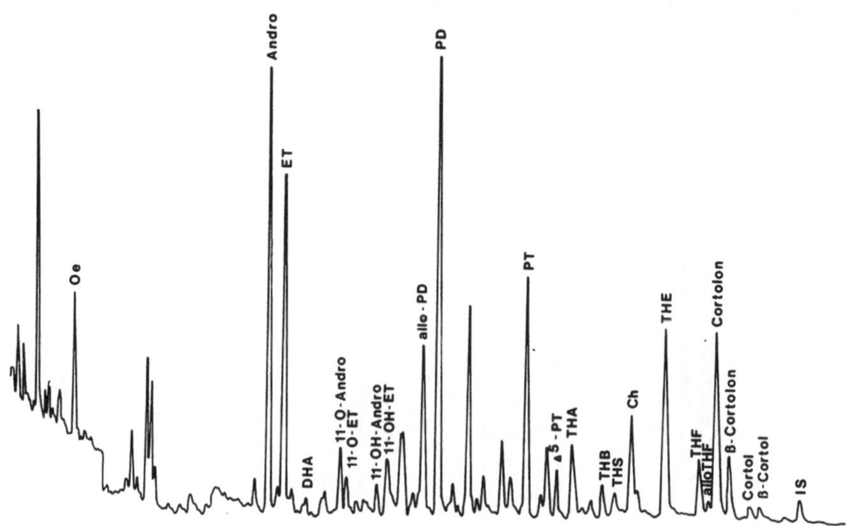

Fig. 3. Gas chromatogram of urinary steroids of a normal $12^{3}/_{12}$ year-old girl during puberty

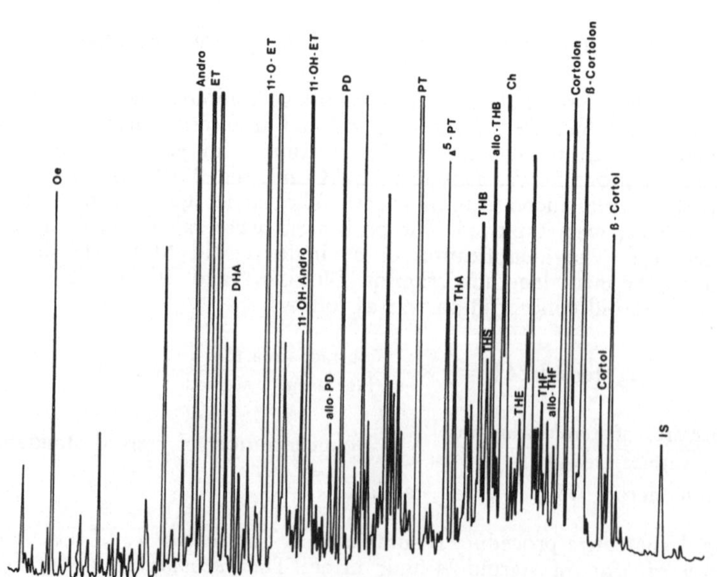

Fig. 4. Gas chromatogram of urinary steroids of a normal 26 year-old man

gram was derived from a $12^{3}/_{12}$ year-old girl during puberty. Finally Fig. 4 shows the fully developed pattern of urinary C_{19} and C_{21} steroids in a 26 year-old male individual.

The application of g. c. c. c. to pathological states is demonstrated by Fig. 5. In an 18 day-old female newborn with congenital adrenal hyperplasia (CAH) of the salt-losing type the 11-deoxy C_{19} steroids are quite apparent.

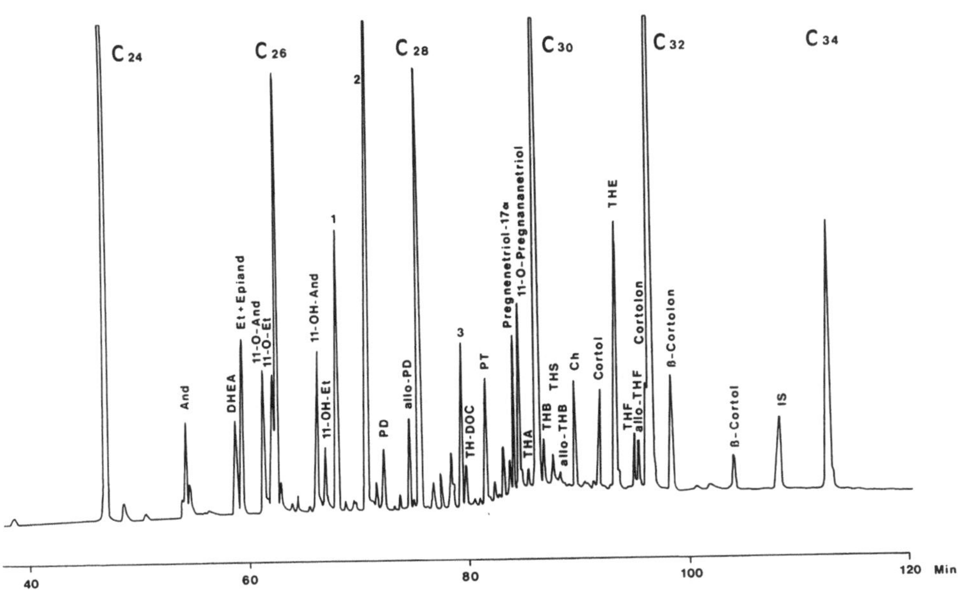

Fig. 5. Gas chromatogram of urinary steroids of an 18 day-old female newborn with congenital adrenal hyperplasia of the salt-losing type. The slightly *increased* excretion of C_{21} metabolites is remarkable

Particularly remarkable, however, is the evidence of an *increased* excretion of C_{21} steroids, which seemed to be derived from (maternal?) cortisol or cortisone. Fig. 6 gives a survey of urinary steroid patterns of normal prepuberal children and patients with CAH before and during suppressive therapy. The excretion of C_{19} steroids which is increased before treatment diminishes during therapy, while the excretion of C_{21} metabolites increases. This is due to the fact that the treatment was carried out with oral hydrocortisone. Finally, Fig. 7 shows the chromatogram of a $7^{6}/_{12}$ year-old girl who suffered from a virilizing adrenal carcinoma. As expected the 11-deoxy-C_{19} steroids clearly prevail in the pattern.

Discussion and Comments

Nowadays, group determinations of steroid metabolites must be considered to be only of limited value. Much rather the specific determination of key steroids or their metabolites is relied upon for diagnosis and surveillance of patients with endocrine disorders. The methods of choice for the estimation of *individual* steroids in plasma and urine are radioimmune assays or, more recently, the enzymeimmune assays.

The overall evaluation of the functional state of the steroid producing endocrine organs can best be achieved by an analysis of the steroid pattern in blood or urine. While the fractionation of steroids in plasma still appears to be rather tedious, the large number of steroid metabolites in urine can be separated fairly easily. In former years the methods of choice were paper and/or column chromatography, while in recent years gas chromatography has come into use (GLEISPACH 1973, 1974a). With this method C_{19} meta-

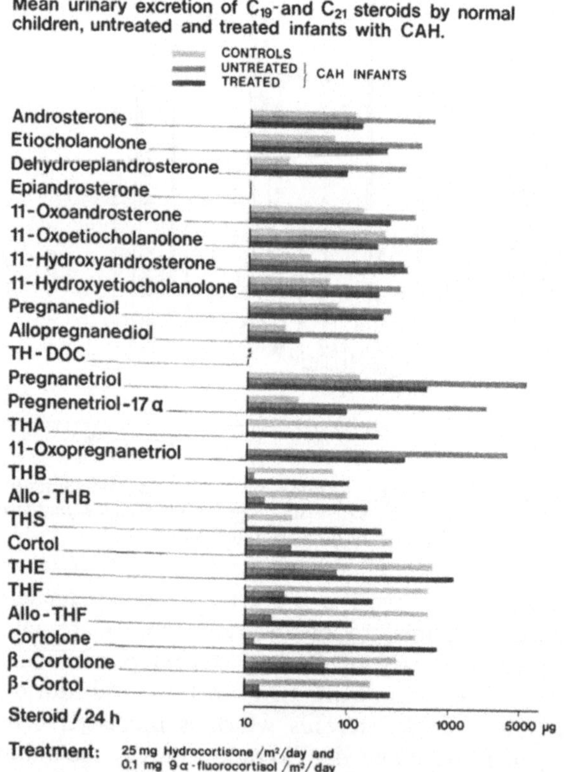

Fig. 6. Survey of urinary steroid patterns of normal prepuberal children and patients with congenital adrenal hyperplasia before and during suppressive therapy with oral hydrocortisone

bolites and C_{21} metabolites had to be determined by separate procedures. This drawback was overcome by the introduction of glass capillaries of considerable length (50 meters!) (VÖLLMIN 1970), which afforded the *simultaneous* fractionation of C_{19} and C_{21} metabolites on one column in one procedure. This method also allows *all* metabolites to be detected, since no steroid material is being lost during the chromatography. We therefore were able to increase the number of steroid metabolites detectable on one chromatogram up to 26. This large number of steroids allows an overall appreciation of the functional activity of the steroid producing endocrine glands.

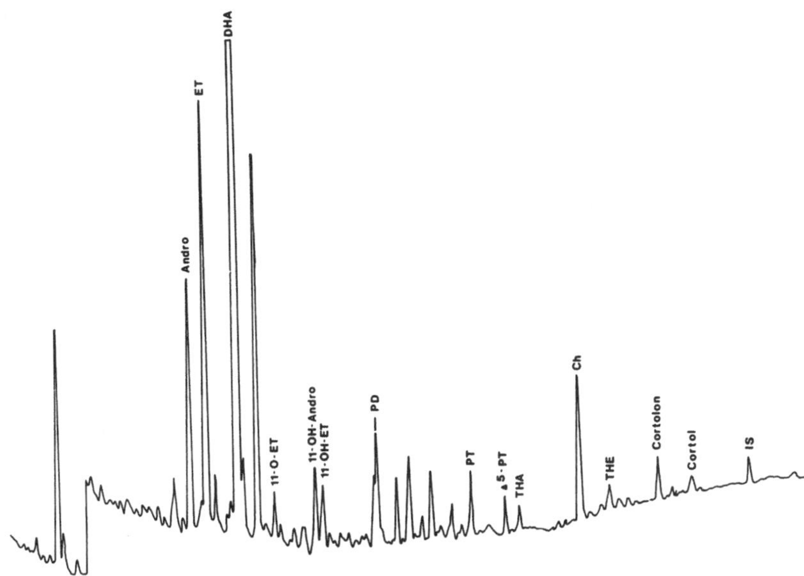

Fig. 7. Gas chromatogram of a $7^{6}/_{12}$ year-old girl with virilizing adrenal carcinoma

For instance, by correlating C_{19} and C_{21} metabolites, 11 oxy- and 11 deoxy-steroids, $5\,\alpha$ and $5\,\beta$ products one can reliably judge metabolic routes and derivations of the main biologically active steroids, such as cortisol, testosterone, progesterone. As an example, comparing the steroidal patterns of normal children with those of patients with precocious puberty we found that the spectrum of steroids in the patients corresponded to those of normal children of the same *bone* age.

Furthermore, a single steroid which is excreted abnormally can be detected by above procedure. Such an abnormal metabolite may be considered an indicator of pathological steroid production and/or metabolism. In this way we recently confirmed the work of GLEISPACH *et al.* (1974b) that heterozygous carries of 21-hydroxylase deficiency excrete appreciable amounts of pregnanetriolone when challenged with ACTH (HOMOKI *et al.* 1976).

In summary g. c. c. c. appears to be a useful adjunct in the study of steroid excretion and metabolism in health and disease.

Acknowledgement

We thank Miss GUTH for her skilful technical assistance and Mrs. RUPP for typing the manuscript.

References

Gleispach, H.: Die Ausscheidung von 17-Oxosteroiden, Pregnanen und Testosteron im menschlichen Harn in Abhängigkeit von Alter und Geschlecht. Z. Klin. Chem. Biochem. **11**, 482—486 (1973).

Gleispach, H., Auer, B., Frisch, H., Karpellus, P.: Ein Beitrag zur Ausscheidung von Cortisol, Tetrahydrocortisol und Tetrahydrocortison im Harn von Knaben. Pädiat. u. Pädol. **9**, 80—83 (1974a).

Gleispach, H., Berger, H., Glatzl, J., Rössler, H.: Pregnantriolonausscheidung nach ACTH-Stimulierung als Test auf vermutliche heterozygote Erbmalsträger eines 21-Hydroxylasemangels. Pädiat. u. Pädol. **9**, 204—208 (1974b).

Homoki, J., Teller, W. M., Fazekas, A. T. A.: A Test for Heterozygocity of 21-Hydroxylase Deficiency. Hum. Genet. **32**, 35—41 (1976).

Novotny, M., Zlatkis, A.: High Resolution Chromatographic Separation of Steroids With Open Tubular Glass Columns. J. Chromatogr. Sci. **8**, 346—350 (1970).

Völlmin, J. A.: Gas Chromatographic Separation of Steroids on Glass Capillary Columns. Chromatographia **3**, 233—237 (1970).

Authors' address: Prof. Dr. Walter Teller, Universitäts-Kinderklinik, Prittwitzstraße 43, D-7900 Ulm, Federal Republic of Germany.

Pädiatrie und Pädologie, Suppl. 5, 37—42 (1977)

Transitorischer Hypoaldosteronismus bei einem Neugeborenen

Von

F. Haschke, L. Hohenauer, K. Parth und **H. Zimprich**

Aus der Säuglingsabteilung des Landes-Kinderkrankenhauses Linz
(Leiter: Prim. Doz. Dr. L. Hohenauer)

und dem Ludwig-Boltzmann-Institut für pädiatrische Endokrinologie, Wien

Mit 2 Abbildungen

Zusammenfassung

Es wird über einen Knaben berichtet, der im Alter von 2 Wochen typische Salzverlustkrisen zeigte. Aufgrund einer 17-Ketosteroidausscheidung von 2,4 mg/Tag wird die Diagnose AGS gestellt und in typischer Weise die Behandlung mit Hydrokortison, DOCA und Kochsalzzulagen begonnen. Im Alter von 6 Monaten wird wohl eine Verringerung und schließlich das Absetzen der Hydrokortisonmedikation vertragen. Das Kind benötigt aber weiterhin Mineralkortikoid und Salzzulagen. Weitere Untersuchungen zeigen eindeutig, daß im Alter von 8 und 9 Monaten die Cortisolproduktion durch ACTH gut stimulierbar ist, daß aber der Basalwert für Aldosteron sehr niedrig ist und daß eine Stimulation durch ACTH und Salzentzug nicht oder nur ungenügend möglich ist. Erst im Alter von 14 Monaten ist sowohl Cortisol- als auch Aldosteron prompt stimulierbar. Es wird eine angeborene transitorische Aldosteronbiosynthesestörung angenommen. Mögliche Ursache hiefür sind ein 18-Hydroxylasemangel oder ein 18-Dehydrogenasemangel.

Summary

Transient Hypoaldosteronism. A Case Report

We observed a 2-week old boy who developed a typical salt-losing syndrom. Urinary 17-ketosteroid excretion of 2.4 mg per day lead us to the diagnosis of congenital adrenal hyperplasia and the usual treatment with hydrocortisone, DOCA and NaCl orally was started. The 6-months old child will tolerate a reduction and subsequent withdrawl of hydrocortisone. Mineralcorticoid and NaCl treatment, however, is to be continued. Further studies clearly showed that in the 8 and 9-month-old child cortisol production could very well be stimulated by synthetic ACTH, but the base line plasma aldosterone was exceedingly low and stimulation by ACTH and salt depletion was impossible. Instant cortisol as well as aldosterone stimulation occurs not until the child is 14 months old.

There is valid evidence for a defect in aldosterone biosynthesis, which may be caused by 18-hydroxylation or 18-dehydrogenation deficiency.

Salzverlustkrisen beim Neugeborenen sind ein bekanntes Initialsyndrom des Adrenogenitalen Syndroms (AGS), bei dem die Cortisol- und die Aldosteronsynthese gestört sind (PRADER und ZACHMANN 1971).

Isolierte Störungen der Mineralokortikoidsynthese bei intakter Cortisolbildung zeigen identische Salzverlustkrisen (HAMILTON *et al.* 1976). Ihnen fehlt aber die Nebennierenhyperplasie und somit auch der Überschuß an adrenalen Androgenen, weshalb keine Maskulinisierung zu finden ist. Eine Glukokortikoidbehandlung solcher Fälle ist unnotwendig und kann schädlich sein.

Hingegen ist die Zufuhr von Mineralkortikoid lebensnotwendig.

Im folgenden soll über einen Fall von defekter Aldosteronsynthese bei intakter Cortisolproduktion berichtet werden, wobei die Störung der Aldosteronsynthese transitorischen Charakter hatte und deshalb von besonderem Interesse ist.

Material und Methoden

Die Bestimmung des Aldosterons im Plasma erfolgte radioimmunologisch nach Extraktion mit Dichlormethan und dünnschichtchromatographischer Reinigung des Extrakts (PARTH *et al.* 1976).

Eine Competitive-protein-binding-Methode diente zur Ermittlung der Cortisol-Plasmaspiegel. Transcortinquelle war gepooltes Schwangerenplasma.

Kasuistik

Thomas (Prot.-Nr. 3867/76) kam als 4. Kind gesunder Eltern zur Welt. Geburt in der 35. Gestationswoche mit altersentsprechenden Maßen. Das äußere Genitale unauffällig, männlich, der Karyotyp 46, xy. Die Mutter hatte zudem dreimal einen Abortus. In der ersten Lebenswoche ist das Kind, abgesehen von einer transitorischen Hypokalzämie und Neigung zu Untertemperaturen, unauffällig. In der 2. Lebenswoche tritt eine typische Salzverlustkrise mit Natriumwerten bis 108 meq/L und Kaliumwerten bis 6 meq/L auf. Die 17-Ketosteroid-Ausscheidung im 24h-Harn ist mit 2,4 mg erhöht. Darauf wird die vorläufige Diagnose eines AGS mit Salzverlust gestellt und die Therapie mit Hydrokortison (25 mg/m^2) und Kochsalzsubstitution eingeleitet (PRADER *et al.* 1971). Trotz Rückkehr der 17-Ketosteroide zur Norm bleibt die labile Elektrolytsituation bestehen. Die Gabe von DOCA ab dem 3. Lebensmonat (2 mg täglich i. m.) stabilisiert die Natriumwerte langsam, führt aber zunächst zu einer kurzzeitigen Hypertension, mit systolischen Blutdruckwerten von 170 mm Hg, die erst nach Reduktion der Dosis verschwand und damit sicher als therapiebedingt aufzufassen ist.

Im Alter von 4 Monaten zeigt die Aufschlüsselung der 17-Ketosteroide im Harn ein normales Profil der Androgenmetaboliten, die alle im altersentsprechenden Normalbereich lagen (GLEISPACH 1974). Die Pregnantriolausscheidung mit 14 μg/24 h ebenfalls normal, auch im anschließenden Provokationstest mit 1 mg/m^2 Depot ACTH keine pathologischen Veränderungen, insbesondere keine Pregnantriolonausscheidung. Diese Befunde sind im Hormonlabor der Universitäts-Kinderklinik Innsbruck (Vorstand: Prof. Dr. H. BERGER) erhoben worden, wofür wir uns bestens bedanken. Damit ist die primäre Diagnose eines AGS bereits sehr unwahrscheinlich geworden: Überraschenderweise verträgt aber das Kind das Absetzen der Hormonmedikation nicht: Während eine langsame Reduktion der Hydrokortisondosis und längeres Weglassen im Zusammenhang mit weiteren Untersuchungen möglich ist, müssen Kochsalz und Mineralkortikoid weitergegeben werden.

Erst im Alter von 8 Monaten ist ein längeres therapiefreies Intervall möglich, was die Durchführung eines ACTH-Tests ermöglicht (PRADER *et al.* 1971): Tab. 1. Dieser ergibt einen normalen Anstieg der 17-OHCS, des freien

Tabelle 1. *Steroidbefunde, Pat. R. T., 8 Monate*

Harnbefunde (ACTH-Test, Synacthen-Depot, 1 mg/m² I. M.), 24 h Harn

	Leerwert	1. Tag	2. Tag
17 KS	0,8 mg	1,4 mg	2,8 mg
17 OHCS	1,6 mg	0,88 mg	2,57 mg
Pregnantriol	5,1 μg	16,2 μg	14,2 μg
Pregnantriolon	—	—	2,2 μg
Freies Cortisol	4,1 μg	48,0 μg	68,8 μg

Plasmasteroide (ACTH-Test, Synacthen, 0,25 mg/I. V.)

	Leerwert	Nach 30 Min.
Cortisol	4,2 μg/100 ml	22,4 μg/100 ml
Aldosteron	2,8 ng/100 ml	5,6 ng/100 ml

Urincortisols und der Plasmacortisolwerte, hingegen zeigt sich ein extrem niedriger Basalwert und ein insuffizienter Anstieg der Aldosteronwerte, was eine isolierte Störung der Aldosteronsekretion nahelegt.

Diese insuffiziente Aldosteronsekretion kann im Alter von 9 Monaten bestätigt werden (Abb. 1).

Bei einer limitierten Kochsalzzufuhr von 20 meq/Tag über 3 Tage (PARTH 1975) fällt der Serumnatriumspiegel ab, Kalium steigt an. Die Natriumbilanz wäre allein durch die Harnausscheidung negativ, als Zeichen der Hypovolämie kommt es zu Gewichtsverlust, Hämatokrit und BUN-Anstieg (Abb. 2, linke Hälfte). Plasmaaldosteron ist weder durch Natriumrestriktion noch durch ACTH ausreichend stimulierbar. Das Kind erhält daher weiter eine Kochsalzzulage. Thomas wird entlassen und gedeiht im häuslichen Milieu gut. Im Alter von 14 Monaten erfolgt in der Absicht einer genaueren Abklärung die Wiederaufnahme. Überraschenderweise haben sich zu diesem Zeitpunkt in einer ähnlichen Testanordnung sämtliche Befunde normalisiert (Abb. 1 und 2, rechte Hälfte). Aldosteron war jetzt normal stimulierbar, die Elektrolytbilanz ausgeglichen. Spätere ambulante Kontrollen bestätigen ein störungsfreies Gedeihen mit altersgemäßer somatischer und psychischer Entwicklung. Im Alter von 2 Jahren waren die Basalwerte für Renin und Aldo-

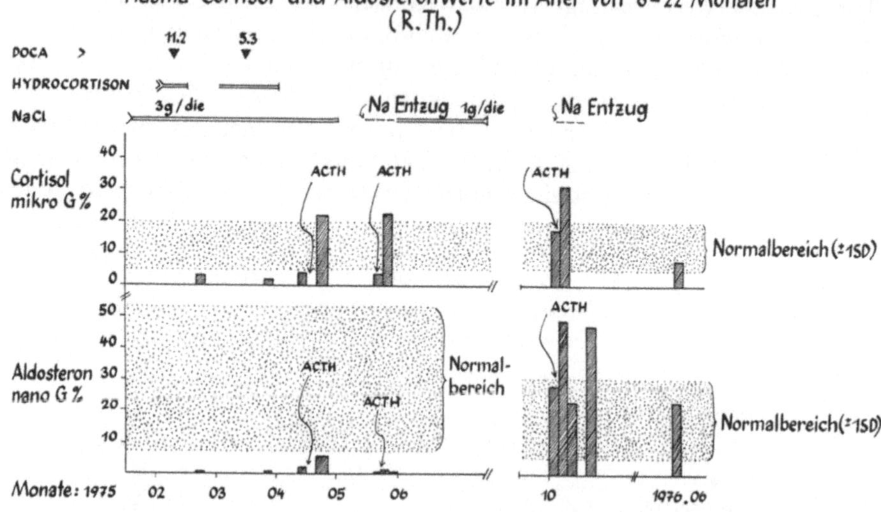

Abb. 1. Verlauf der Plasmacortisol- und Aldosteronwerte vom 6. bis zum 22. Monat bei R. Thomas

steron im Liegen normal. Der Reninanstieg nach 30 Minuten aufrechtem Stehen führte zu einem normgerechten Aldosteronanstieg.

Tabelle 2. *Biosynthese von Cortisol und Aldosteron aus Cholesterol (nach* HAMILTON *et al. 1976)*

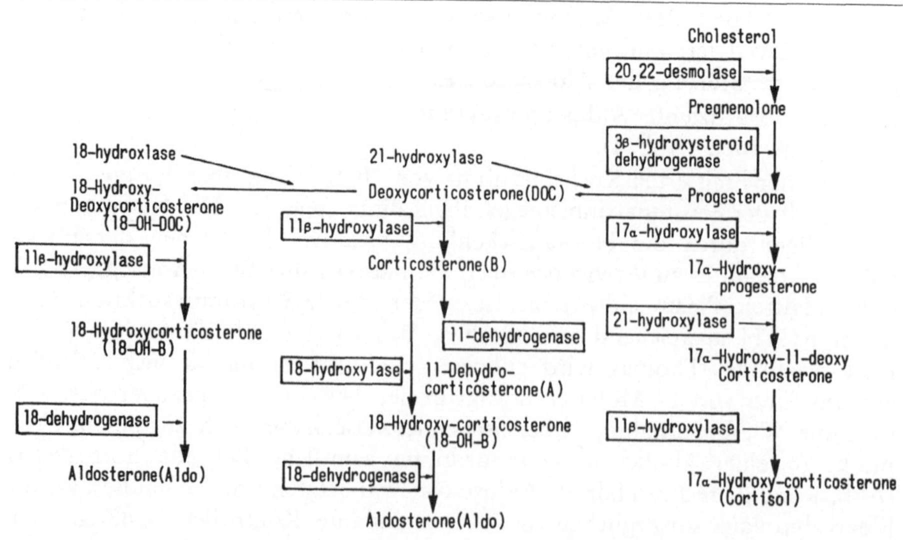

Diskussion

Eine verminderte Aldosteronsekretion kann Ausdruck einer primären Insuffizienz der Zona glomerulosa der Nebennierenrinde oder Folge einer gestörten Aldosteronregulation sein (Biglieri 1976). Ein gravierendes Grund-

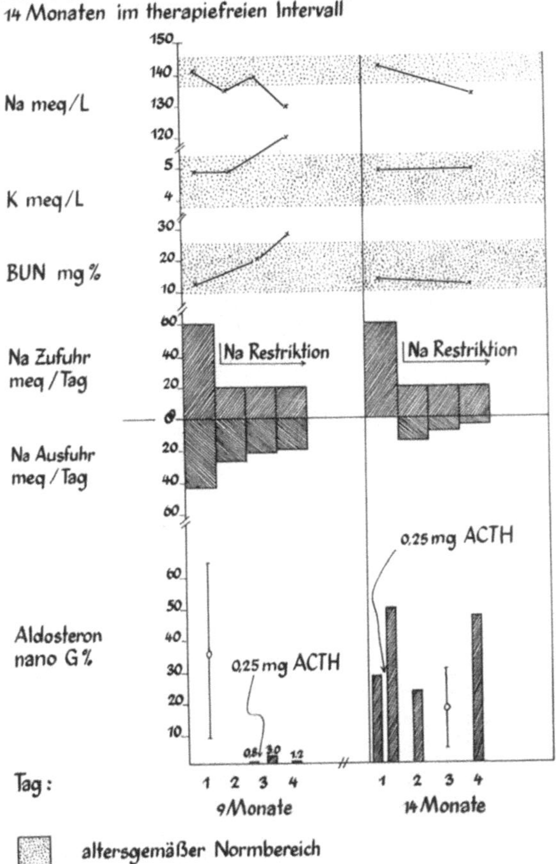

Abb. 2. ACTH Stimulationstests unter Salzrestriktion bei Thomas im Alter von 9 und 14 Monaten. Es ist deutlich zu sehen, daß im Alter von 9 Monaten Aldosteron nicht stimulierbar ist und es daher zur Elektrolytentgleisung kommt. Im Alter von 14 Monaten ist Aldosteron bei normalem Basalwert stimulierbar. Es kommt zu keinerlei Elektrolytveränderungen

leiden, etwa eine renale Störung mit Alteration des Angiotensin-Renin-Systems und konsekutivem Aldosteronmangel, ist bei unserem Fall praktisch ausgeschlossen.

Verschiedene Formen der Nebennierenrindenhyperplasie, die mit Salzverlust einhergehen können, kommen ebenfalls differentialdiagnostisch in Frage: ein 21-Hydroxylase- oder ein 11-beta-Hydroxylasemangel. Durch unsere Untersuchung und den klinischen Verlauf sind diese Defekte, auch Schwachformen, ebenfalls äußerst unwahrscheinlich. Hingegen scheint die transitorische Aldosteronsynthesestörung bei Thomas durch einen der beiden sehr seltenen Enzymdefekte bedingt, bei denen ausschließlich die Aldosteronbiosynthese blockiert ist (Tab. 2). Visser und Cost (1964) beschreiben einen 18-Hydroxylasemangel, Ulick *et al.* im selben Jahr einen 18-Dehydrogenasemangel. Beide Störungen sind bisher in Kasuistiken gut dokumentiert: So beschrieb Rappaport 1968 einen Patienten mit praktisch gleichem klinischen Verlauf bei 18-Dehydrogenasemangel, wie ihn auch Thomas zeigte. Das Kind war ab 20 Monaten beschwerdefrei, bei Belastungen, wie Salzentzug, blieb der Enzymdefekt jedoch bis ins Alter von 5 Jahren klinisch nachweisbar.

Hamilton *et al.* (1976) beschrieben 3 Geschwister mit identischem Krankheitsbeginn im Neugeborenenalter, bei denen mit zunehmendem Alter der Bedarf an Hormonmedikation abnahm. Bei diesen konnte als Ursache ein 18-Dehydrogenasemangel nachgewiesen werden. Die Untersuchung der Aldosteronvorstufen (precursors) ist bei Thomas nicht erfolgt, weshalb der Enzymdefekt nicht näher definiert werden kann. Die ausreichende Aldosteronproduktion ab dem 2. Lebensjahr legt jedoch ein Verschwinden des Enzymdefektes durch postnatale Ausreifung der Nebennierenrinde nahe.

Literatur

Biglieri, E. G.: A Perspective on Aldosterone Abnormalities. Clinical Endocrinology **5**, 399 (1976).

Gleispach, H.: Die Ausscheidung von 17-Oxosteroiden, Pregnanen und von Testosteron im menschlichen Harn in Abhängigkeit von Alter und Geschlecht. Beilage zu Wien. klin. Wschr. **86**, Suppl. 12 (1974).

Hamilton, W., McCandless, A. E., Ireland, J. T., Gray, C. E.: Hypoaldosteronism in Three Sibs due to 18-Dehydrogenase Deficiency. Archives of Disease in Childhood **51**, 577 (1976).

Parth, K., Brunel, R., Zimprich, H., Holzer, Hiltrud: Plasmaaldosteron im Kindesalter. Helv. paediat. Acta **30**, 487—493 (1975).

Parth, K., Zimprich, H., Brunel, Roswitha: Determination of Plasma Aldosterone in Children by Thin Layer Chromatography and Radioimmunoassay. Acta endocr. **81**, 330 (1976).

Prader, A., Zachmann, M.: Das adrenogenitale Syndrom. In: Klinik der inneren Sekretion (A. Labhart), 2. Aufl. Berlin—Heidelberg—New York: Springer 1971.

Rappaport, R., Dray, F., Legrand, J. C., Royer, P.: Hypoaldòsterònisme congenital familial par defaut de la 18-OH-dehydrogenase. Pediat. Res. **2**, 456 (1964).

Ulick, S., Gautier, E., Vetter, K. K., Markello, J. R., Yaffe, S.: Lowe, C. U.: An Aldosterone Biosynthetic Defect in a Salt-losing Disorder. Journal of Clinical Endocrinology **24**, 669 (1964).

Visser, H. K. A., Cost, W. S.: A New Hereditary Defect in the Biosynthesis of Aldosterone: Urinary C_{21}-Corticosteroid Pattern in Three Related Patients With a Salt-losing Syndrome Suggesting an 18-oxydation Defect. Acta Endocrinologica **47**, 589 (1964).

Anschrift des Verfassers: Dr. Ferdinand Haschke, Landes-Kinderkrankenhaus, Krankenhausstraße 26, A-4010 Linz, Österreich.

Pädiatrie und Pädologie, Suppl. 5, 43—48 (1977)

Behandlungsmöglichkeiten von Deszensusstörungen beim Rüden

Von

G. Schörner und **H. S. Choi**

Aus der Klinik für Geburtshilfe, Gynäkologie und Andrologie der Haustiere der Veterinärmedizinischen Universität Wien
(Vorstand: o. Univ.-Prof. Dr. K. Arbeiter)

und dem Ludwig-Boltzmann-Institut für veterinärmedizinische Endokrinologie
(Leiter: o. Univ.-Prof. Dr. W. Stöckl)

Mit 3 Abbildungen

Zusammenfassung

Die Diagnose von Deszensusstörungen ist beim Rüden ab der 10. Lebenswoche möglich. Bis zu diesem Zeitpunkt sollen beide Hoden den Fundus des Skrotums erreicht haben.

Von der Norm abweichende Befunde können erhoben werden, wenn Formen von Kryptorchismus, Ectopia testis, Inguinalhoden bzw. Pendelhoden vorliegen.

Therapeutische Maßnahmen in Form der Applikation von Releaserhormon oder Gonadotropin werden beim Inguinalhoden ergriffen.

Dabei waren vor allem bei hoher Lokalisation der Gonaden die Erfolge mit Releaserhormon besser als mit Gonadotropinen. Bei 10 von 16 mit LH-RH behandelten Patienten konnte ein vollständiger Deszensus der Hoden erreicht werden.

Zur Beurteilung der Wirkung der verabreichten Hormone untersuchten wir das Verhalten des Plasmatestosterongehaltes nach subkutaner Verabreichung von HCG, PMSG und LH-RH an juvenile und adulte Rüden.

Die Rüdenwelpen reagierten auf alle Hormone mit einem Anstieg des peripheren Testosteronspiegels, bei den erwachsenen Hunden war nur LH-RH in der Lage, den Plasmatestosterongehalt mit Sicherheit zu erhöhen.

Summary

Possibilities of Treatment of Maldescensus Testis in the Dog

The diagnosis of inguinal retention of the testis can be made in the dog from the 10th week of life. Like in man, therapy of this condition can be done with gonadotropins or releasing hormones. In conditions with retention of the testicles in the upper inguinal region LH-RH proved to be more successful than gonadotropin. 10 out of 16 patients showed a complete descent of the testes. In addition the effect of plasmagonadotropin as well as urinary chorionic gonadotropin, and of LH-RH on the plasma testosterone levels of juvenile and adult dogs was studied.

It could be seen that in the young dogs all 3 hormones caused an increase in plasma testosterone, while in the adult animal only LH-RH was able to produce a significant rise.

Der Descensus testis vollzieht sich beim Rüden innerhalb der ersten 4—10 Lebenswochen.

Untersuchungen an totgeborenen oder in den ersten Lebenstagen verendeten Rüdenwelpen haben ergeben, daß die Gonaden bereits zum Zeitpunkt der Geburt den Leistenkanal passiert haben, wegen ihrer Kleinheit aber palpatorisch nicht nachweisbar sind. Außerdem weichen sie bei der geringsten Zugbelastung auf das Hodenband in den noch weiten Leistenkanal zurück.

Ab einem Alter von 30 Tagen können die Hoden als kleinlinsengroße Gebilde beiderseits des Penisbulbus getastet werden. Um den 50. Tag haben sie das Zentrum und ab dem 70. Tag post natum den Fundus des Skrotums erreicht, sind aber auch noch zu diesem Zeitpunkt in den Leistenkanal reponierbar [9, 11].

Deszensusanomalien können daher bereits ab der 10. Lebenswoche diagnostiziert werden. Die Junghunde werden zu diesem Zeitpunkt den ersten Schutzimpfungen unterzogen, und der behandelnde Tierarzt sollte diese Gelegenheit nützen, die vorgestellten Rüden hinsichtlich des Vorhandenseins beider Gonaden im Skrotum zu untersuchen.

Störungen des Hodenabstieges aus dem Bauchraum durch den Leistenkanal in das Skrotum werden nach der Lokalisation der Gonaden unterteilt in:

abdominalen Kryptorchismus: ein oder beide Hoden sind palpatorisch nicht nachweisbar. Sie befinden sich im Bauchraum.

Hodenektopie: der dislozierte Hoden befindet sich im Schenkelspalt (Ektopia cruralis), seitlich des Penis (Ektopia subcutanea), oder es liegen beide Hoden auf derselben Seite im Skrotum (Ektopia perinealis).

Inguinalhoden: der Hoden befindet sich im Leistenkanal; je nach dem klinischen Befund unterscheiden wir eine

a) obere Stellung: kaudaler Pol des Hodens im Leistenkanal tastbar, Hoden immobil;
b) mittlere Stellung: gesamter Hoden im Leistenkanal, Hoden mobil;
c) untere Stellung: Verlagerung des Hodens bis zum Skrotalhals möglich.

Liegt beim Rüden ein Kryptorchismus oder eine Hodenektopie vor, so darf von einer medikamentellen Therapie kein Erfolg erwartet werden. In diesen Fällen raten wir dem Besitzer, den Rüden nach erreichter Geschlechtsreife kastrieren zu lassen, um einer möglichen tumorösen Entartung der retinierten Gonade und der damit meist verbundenen Charakterveränderung des Tieres vorzubeugen [6]. Der Inguinalhoden hingegen ist prognostisch günstiger zu beurteilen. Durch Hormongaben kann nämlich der Descensus testis gefördert werden. Mit der Behandlung sollte bei den Rüden im Alter von 3—5 Monaten begonnen werden.

Prognose und Therapieintensität richten sich nach der diagnostizierten Stellung des Hodens.

Entsprechend der Größe des Tieres wird Serum-Gonadotropin (PMSG®, Folligon®) in Dosierungen zwischen 50 und 300 I. E., viermal in halbwöchigen Abständen, subkutan appliziert. Tritt nach den ersten 4 Injektionen und einer darauffolgenden 14tägigen Behandlungspause eine Verlagerung der Gonade in Richtung Skrotum ein, kann die Therapie bei gleichbleibender Dosierung auf 6—8 Wochen ausgedehnt werden. Hat sich 4 Wochen nach Therapiebeginn keine Lageveränderung des hochstehenden Testikels ergeben, so wird — auch bei weiterer Medikation — die Prognose ungünstig zu stellen sein.

Die Verwendung einer Mischung von Serum- und Choriongonadotropin im Verhältnis 400 : 200 I. E. (z. B. PG 600®) in gleicher Dosierung, jeden 3. oder 4. Tag subkutan verabreicht, brachte keine Vorteile gegenüber der reinen FSH-Therapie.

Die bisher besten Ergebnisse bei der Behandlung des Mal-Deszensus konnten wir an der Klinik durch die Verabreichung von Releaser-Hormon (LH-RH ad us. vet., Op. 62, Fa. Höchst) erreichen [1, 11].

Wir verabreichen bei der Erstbehandlung 0,1—0,3 mg LH-RH intravenös und in den 2 darauffolgenden Wochen 6mal 0,1 mg subkutan, also jeweils 3 Injektionen pro Woche. Unsere Ergebnisse sind in Übereinstimmung mit den Angaben aus der Humanmedizin vielversprechend [2].

Von 16 mit LH-RH behandelten Mal-Deszensus-Patienten bewirkte in 3 Fällen bereits eine einmalige Verabreichung von Releaserhormon den vollständigen Abstieg der Hoden. In 5 Fällen waren die Hoden nach abgeschlossenem Therapieprogramm deszendiert. Bei 2 Rüden, bei denen die LH-RH-Behandlung nicht zum endgültigen Erfolg führte, konnte eine Fortsetzung der Therapie mit FSH in der oben angeführten Dosierung den Deszensus testis vollenden.

Teilerfolge waren bei 3 Patienten zu verzeichnen. Die in oberer Stellung befindlichen Gonaden konnten nur bis in mittlere Stellung gebracht werden.

3 Rüden zeigten keinerlei Wirkung auf die Therapie.

Um Aufschluß über die Wirkung der verabreichten Substanzen zu erhalten, untersuchten wir in einer Versuchsreihe ihren Einfluß auf den Plasmatestosterongehalt bei Rüden [3, 4, 7].

Für den ersten Versuch standen uns 4 Bastardwelpen (A—D) im Alter von 10 Wochen und für 2 weitere Testungen 4 adulte Beagle-Rüden (1—4) von 4—5 Jahren zur Verfügung. Eine Woche vor Versuchsbeginn wurde von den Tieren durch 4 Tage 5mal täglich im Abstand von 2 Stunden Blut entnommen, um Tagesschwankungen im Plasmatestosterongehalt festzustellen. Die Applikation der hormonell wirksamen Substanzen erfolgte subkutan. Die verwendeten Präparate und die Dosierung sind aus Tab. 1 ersichtlich.

Testosteronbestimmung

Die radioimmunologische Testosteronbestimmung im Plasma erfolgte im wesentlichen nach der von Nieschlag und Loriaux [10] beschriebenen Methode. Wir verzichteten aber auf eine chromatographische Reinigung des

Ätherextraktes und verwendeten ^{3}H-Epitestosteron als internen Standard. Das gegen Testosteron-3-Oxim-HSA erzeugte Antiserum (S-741/2) wurde uns von

Tabelle 1. *Bezeichnung der Tiere, Dosierung der applizierten Medikamente*

Medikament	Versuch 1 Tier	Dosis	2 Tier	Dosis	3 Tier	Dosis
LH-RH (Höchst)	A	50 mcg	1	100 mcg	3	100 mcg
HCG „Chorulon" (Intervet)	B	50 I. E.	2	100 I. E.	1	100 I. E.
PMSG „Folligon" (Intervet)	C	50 I. E.	3	100 I. E.	4	100 I. E.
Isotone Kochsalzlösung	D	1 ml	4	2 ml	2	2 ml

Für die Blutentnahme wurde folgender Zeitplan eingehalten: eine Entnahme vor der Medikation. Nach der Behandlung 6 Abnahmen in halbstündigen Intervallen und 4 weitere nach einer, zwei, vier und sechs Stunden.

Dr. G. R. Abraham, USA, zur Verfügung gestellt. Der Variationskoeffizient von Doppelproben einer Serie betrug 5,8 % und bei wiederholter Bestimmung 2,3 %.

Ergebnisse

Versuch 1: Die Plasmatestosteronwerte der Welpen lagen vor der Behandlung in einem Bereich von 0,1—0,2 ng Testosteron pro ml Plasma. Bei den mit LH-RH (A) bzw. FSH (C) behandelten Tieren stieg der Plasmatesto-

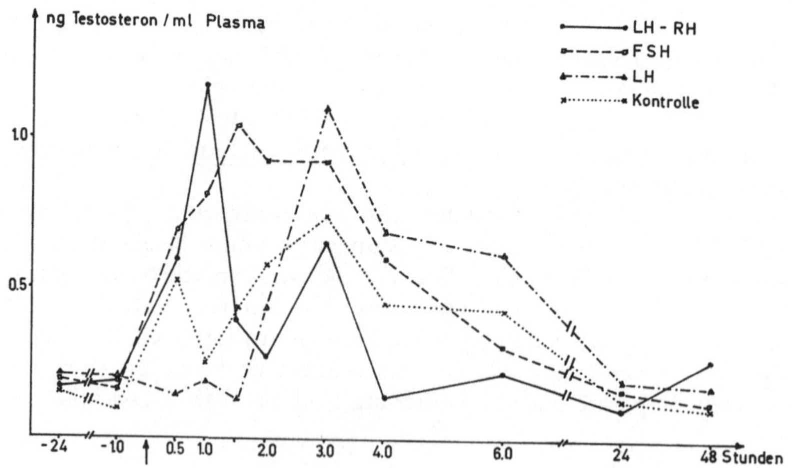

Abb. 1. Versuch 1, Plasmatestosteronwerte der Welpen

sterongehalt nach der Behandlung rasch an (Abb. 1). Der Testosteronwert des mit LH-RH (A) behandelten Tieres betrug 1 Stunde p. i. 1,18 ng/ml. Nach

2 Stunden sank die Konzentration auf 0,27 ng/ml ab, um nach 3 Stunden p. i. neuerlich auf den Wert von 0,65 ng/ml anzusteigen. Beim Tier C (FSH) erreichten die Plasmatestosteronwerte 1,5 Stunden p. i. mit 1,05 ng/ml den höchsten Wert. Das mit LH behandelte Tier B wies den maximalen Plasmatestosterongehalt von 1,1 ng/ml erst 3 Stunden nach der Injektion auf.

Bei allen Tieren sank der Testosteronspiegel kontinuierlich ab und erreichte 24 Stunden nach der Behandlung wieder Ausgangswerte.

Versuche 2 und 3: In den Kontrolluntersuchungen lagen die Plasmatestosteronwerte der erwachsenen Rüden zwischen 0,14 und 2,4 ng/ml Plasma [8].

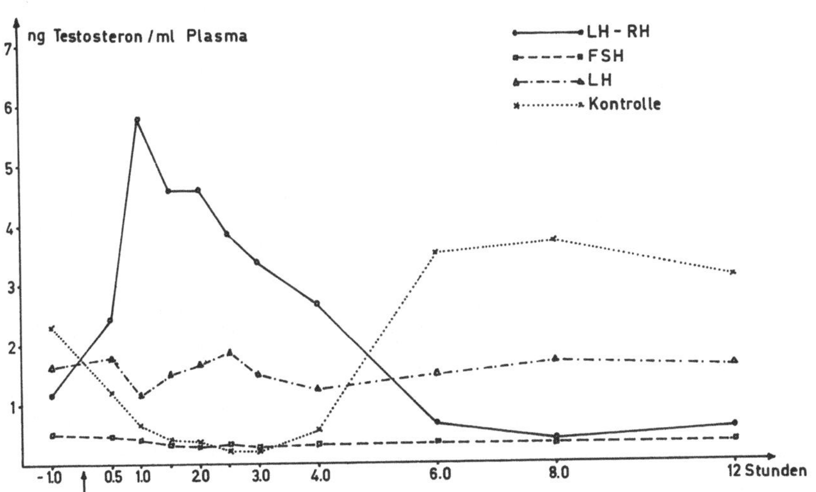

Abb. 2. Versuch 2, Plasmatestosteronwerte der adulten Rüden

Auffallend war, daß Tier 4 täglich zwischen 12 und 14 Uhr einen Testosteronanstieg aufwies, der bei den Tieren 1, 2 und 3 nicht auftrat.

Nach der Medikation stieg der Plasmatestosteronwert des mit LH-RH behandelten Tieres innerhalb einer Stunde von 1,1 ng/ml auf 5,76 ng/ml an (Abb. 2).

Hingegen hatte die FSH- bzw. LH-Behandlung bei den Tieren 3 bzw. 2 keinen Einfluß auf deren Plasmatestosteronspiegel.

In einem 3. Versuch, der zwei Wochen später durchgeführt wurde, erhielten die erwachsenen Rüden jeweils einen anderen Wirkstoff als im 2. Versuch. Diesmal reagierte Tier 3 auf die LH-RH-Injektion nach 1$^{1}/_{2}$ Stunden mit einem deutlichen Anstieg von 0,68 ng auf 4,86 ng Testosteron pro ml Plasma (Abb. 3).

Die LH-Applikation führte bei Tier 1 zu vollkommen atypischen Schwankungen des Plasmatestosterongehaltes, allerdings im erhöhten Bereich von 3,0—6,5 ng. Unverändert gegenüber den Kontrollwerten blieben die Testosteronwerte der Tiere 2 und 4.

Diese Ergebnisse lassen darauf schließen, daß bei den adulten Rüden nur das Releaserhormon imstande war, den Plasmatestosterongehalt mit Sicherheit zu erhöhen. Die bei Tier 1 im 3. Versuch festgestellten Schwankungen des Testosterongehaltes nach LH-Applikation sind möglicherweise auf den erhöhten Ausgangswert des Tieres zurückzuführen [5].

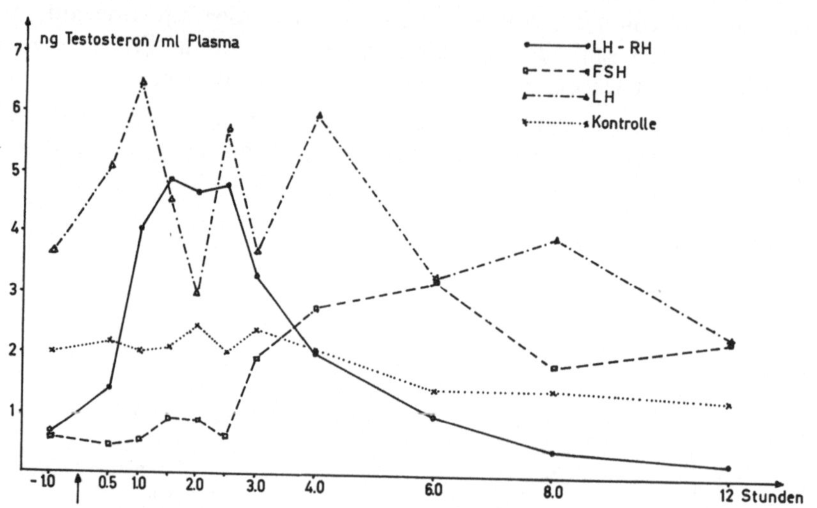

Abb. 3. Versuch 3, Plasmatestosteronwerte der adulten Rüden

Die jungen Hunde hingegen reagierten sowohl nach Zufuhr des Releaserhormons als auch der Gonadotropine mit einem Anstieg des peripheren Testosteronspiegels.

Literatur

1. ARBEITER, K.: Tierärztliche Praxis **3**, 129 (1975).
2. BARTSCH, G., FRICK, J.: Andrologia **6**, 197 (1974).
3. BRINCK-JOHNSON, T., EIK-NES, K. B.: Endocrinology **61**, 676 (1957).
4. EIK-NES, K. B., HALL, P. F.: J. of Reprod. Fertil. **9**, 233 (1965).
5. GALLOWAY, D. B., COTTA, Y., PELLETIER, J., TERGUI, M.: Acta Endocr. 77, 1 (1974).
6. HECKER, W. CH.: Münch. med. Wschr. **113**, 1125 (1971).
7. JONES, G. E., REES, A., CAMERON, E. H. D., NEWCOMBE, R. G., BOYNS, A. R.: J. Endocr. **63**, 2; 32 P (1974).
8. MATTHEEUWS, D., COMHAIRE, F.: Br. vet. J. **131**, 65 (1975).
9. MAYER, P.: Dtsch. tierärztl. Wschr. **19**, 573 (1972).
10. NIESCHLAG, E., LORIAUX, D. L.: Z. klin. Chem. und klin. Biochem. **10**, 164 (1972).
11. SCHÖRNER, G.: Wien. tierärztl. Mschr. **62**, 462 (1975).

Anschrift der Verfasser: Dr. G. SCHÖRNER und Dr. H. S. CHOI, Veterinärmedizinische Universität, Linke Bahngasse 26, A-1030 Wien, Österreich.

Pädiatrie und Pädologie, Suppl. 5, 49—55 (1977)

Plasmaprolactin in den verschiedenen Altersstufen

Von

W.-H. Weiske und J. Frick

Aus der Urologischen Abteilung der Landeskrankenanstalt Salzburg

Zusammenfassung

Mit einer Doppelantikörpermethode (Cea-Ire-Sorin Kits) wurden radioimmunologisch die Normalwerte für Prolaktin beim männlichen Geschlecht in 3 Altersgruppen bestimmt (10—20 Jahre: 2,4 ± 1,2 ng/ml; 20—40 Jahre: 3,9 ± 1,5 ng/ml; 50—80 Jahre: 5,2 ± 3,8 ng/ml). Bei 10 Patienten mit einem Sertoli cell only syndrome fand sich ein Durchschnittswert für PRL von 3,08 ± 2,14 ng/ml. Bei 4 Patienten mit einem Prostatakarzinom im Stadium D (Zustand nach Hormonintervalltherapie und Orchiektomie) waren die PRL-Werte deutlich erhöht (13,1—18,7 ng/ml).

Summary

Plasma Prolactin in Different Age Groups

After a detailed introduction to the problems of radioimmunological measurement of Prolactin and a review of the possible connections between PRL and urological and andrological diseases, respectively, the results of Prolactin measurements carried out with a Prolactin Radioimmunoassay Kit (Cea-Ire-Sorin) will be described. This Kit makes use of the "double antibody" method. In 99 healthy male subjects the plasma levels of Prolactin in 3 age groups were ascertained. These were as follows: Group I ages 10 to 20: 2.4 ± 1.2 ng/ml; group II ages 20 to 40: 3.9 ± 1.5 ng/ml; group III ages 50 to 80: 5.2 ± 3.8 ng/ml.

In the case of 10 patients suffering from Sertoli cell only syndrome, the mean level of PRL was: 3.08 ± 2.14 ng/ml.

In the cases of 4 patients suffering from prostate cancer stage D, treated with hormones at various intervals and after orchiectomy the range of PRL levels was 13.1—18.7 ng/ml.

Prolaktin (PRL) ist schon seit langem als Hypophysenvorderlappenhormon sowohl beim Menschen als auch bei zahlreichen Tierspezies bekannt. Jedoch waren unsere Kenntnisse beim PRL hinsichtlich Zielorgan, Wirkungsmechanismus, Metabolismus und Regulationsmechanismus (Steuerung) aufgrund ungenauer und unspezifischer Nachweismethoden sehr lückenhaft. Bekannt sind seit langem, insbesondere aus Tierversuchen, die laktotrope, luteotrope und schwache somatotrope Wirkung des PRL, die aber für den Menschen nur bedingt als sicher galten, da man vom Wachstumshormon (STH) ähnliche Wirkungen kannte und eine Trennung von STH und PRL bis zur Herstellung entsprechender STH-Antikörper unmöglich war [1, 2]. Methodisch erschwerend war einmal die Ähnlichkeit beider Polypeptide in ihren Wirkungen und die Tatsache, daß der Anteil von STH in der Hypophyse gegenüber PRL das 20—100fache beträgt [3].

Der klassische Nachweis der Prolaktinaktivität erfolgte als Proliferationstest am Taubenkropfsack [4, 5]. Eine zweite Möglichkeit besteht in der Testung der laktotropen Wirkung auf die Brustdrüse des Kaninchens [6]. Auch der histologische Nachweis der Laktation in Gewebsschnitten und Gewebekulturen aus der Brustdrüse von Maus und Ratte beruht auf dem gleichen Prinzip. Immerhin betrug die Empfindlichkeit dieser Nachweismethoden schon 15—50 ng/ml [6, 7]. Eine ähnliche Empfindlichkeit wurde mit der radiochemisch bestimmten Prolaktin-induzierten Laktosamin-Synthetase-Aktivität [8] und mit der Messung der Phosphoproteinsynthese erreicht [9].

Alle diese Bioassays waren für die Bestimmung von PRL im Serum gesunder Individuen unbrauchbar, weil die laktotrope Wirkung nicht allein dem PRL, sondern, wenn auch abgeschwächt, dem STH und dem menschlichen plazentaren Laktogen (HPL) zukommt.

Die Reindarstellung menschlichen Prolaktins (hPRL) führte schließlich zur Entwicklung eines Radioimmunoassays für PRL [10, 11, 12].

Erst die Entwicklung eines RIA-Kits für PRL ermöglichte in den letzten 2 Jahren einer größeren Anzahl von Untersuchern relativ einfach durchzuführende PRL-Bestimmungen aus dem Serum an Mensch und Tier.

Die zahlreichen Untersuchungsergebnisse aus Tierversuchen und die in der Minderzahl vorliegenden PRL-Untersuchungen beim Menschen lassen eine Gesamtbeurteilung zum jetzigen Zeitpunkt nicht zu, wie man den Vorträgen auf dem Weltkongreß für Endokrinologie in Hamburg 1976 entnehmen konnte. Somit sollten alle Ergebnisse, insbesondere die Übertragung von Befunden auf den Menschen, die in Tierversuchen gewonnen wurden, mit entsprechender Zurückhaltung aufgenommen werden.

Außer der bekannten laktotropen Wirkung sind inzwischen durch Nachweis spezifischer PRL-Bindungen in Tierversuchen in Leber [14], Prostata [15], Samenblasen [16] und corpora lutea beim Schwein [17] weitere Zielorgane für PRL bekanntgeworden. Hinsichtlich der Steuerung des Hormons dürften Inhibition dopaminerger und Stimulation serotonerger Rezeptoren im Hypothalamus eine entscheidende Rolle spielen [18, 19, 20, 21, 22, 23].

Praktische Bedeutung haben PRL-Bestimmungen inzwischen bei der Differenzierung von Hypophysenadenomen, insbesondere von Prolaktinomen, hinsichtlich Diagnose und postoperativer Verlaufskontrolle [24] erlangt.

Ferner sind beim Mammakarzinom der Frau erhöhte PRL-Werte gefunden worden [25].

Das Interesse des Urologen am PRL besteht in verschiedenen Themenkomplexen.

1. Kledzig *et al.* (1976) konnten in einer bestimmten Membranfraktion der homogenisierten Rattenprostata eine spezifische Bindung von PRL nachweisen. Ferner fand sich eine synergistische Wirkung von Testosteron und PRL an der Prostata. PRL-Antiserum führte zur Verringerung des Prostatagewichts. Die Prostataatrophie war nach Hypophysektomie ausgeprägter als nach Orchiektomie. Die Wirkung exogen zugeführter Androgene war nach Hypophysektomie geringer als nach Orchiektomie. Die Bindung von Testosteron in der Prostata war durch PRL-Zugabe eindeutig erhöht. Diese Befunde dürften hinsichtlich der ohnehin umstrittenen Östrogentherapie des Prostatakarzinoms insofern von Bedeutung sein, als Östrogene bekanntermaßen einen PRL-Anstieg im Serum bewirken [26]. Ein erhöhter PRL-Serumspiegel bewirkt aber eine verstärkte Testosteron-Aufnahme in die Prostata, was einer höheren Testosteron-Wirksamkeit auf die Prostata gleichkommt, als vom Plasmatestosteronspiegel allein zu erwarten wäre.

2. Sneth *et al.* konnten in der Samenflüssigkeit PRL nachweisen und haben inzwischen 4 immunoreaktive Prolaktinkomponenten aufgetrennt, wobei 3 von diesen in unterschiedlichen Konzentrationen auch im Blutplasma und in der Hypophyse nachweisbar sind [27].

Neuere Ergebnisse derselben Arbeitsgruppe [27] ergaben, daß die Zugabe von PRL zu einer Spermatozoensuspension die Fruktoseverwertung um annähernd 100 % erhöhte und ein Ansteigen der Adenyl-Zyklase-Aktivität bewirkt. Aufgrund dieser Befunde könnte PRL eine wesentliche Rolle für die Motilität und den Metabolismus der Spermatozoen spielen.

3. Ein weiteres Untersuchungsfeld stellen endokrinologische Krankheitsbilder aus dem Gebiet der Andrologie dar, bei denen PRL-Werte bisher nicht bestimmt worden sind.

Wir haben deshalb nach einer geeigneten Methode zur Bestimmung des PRL gesucht und zunächst Normalwerte in den verschiedenen Lebensaltern beim männlichen Geschlecht aufgestellt und in einer ersten Studie die PRL-Werte beim Sertoli cell only syndrome (Germinalaplasie) sowie bei einigen Fällen von Prostatakarzinomen im Stadium D bestimmt.

Material und Methoden

Bei 99 gesunden männlichen Probanden im Alter von 10—80 Jahren wurde in der Zeit von 8—10 Uhr morgens Blut abgenommen und anschließend zentrifugiert.

Die Serumprolaktinbestimmungen wurden mit einer radioimmunologischen Methode durchgeführt. Das markierte Hormon, die notwendigen Standards und Antisera standen in *Cea-Ire-Sorin-Kits* zur Verfügung.

Die Materialien wurden vom „Institut National des Radioéléments" in Zusammenarbeit mit dem radioimmunologischen Laboratorium der Universität Liège vorbereitet.

Bei der von uns verwendeten Methode handelt es sich um ein Doppelantikörperverfahren, wobei die Versuchsbedingungen so gehandhabt werden, daß die Inkubationszeit auf ein Minimum reduziert werden kann, ohne die Sensitivität und Reproduzierbarkeit der Methode einzuschränken.

Das Verfahren basiert auf folgenden Prinzipien:

1. Inkubation des Hormons mit dem Anti-Hormon-Antikörper für 42—44 Stunden bei Raumtemperatur.
2. Behandlung mit dem Anti-γ-Antikörper und dem Immunadsorbenten bei Raumtemperatur für 5 Stunden.
3. Zentrifugierung bei Raumtemperatur und Zählen des Präzipitats.

Die Bestimmungen können direkt aus dem Plasma oder Serum ohne vorangegangene Extraktion vorgenommen werden. Durchschnittlich werden 0,1 ml Serum je Probe verwendet.

Die einzelnen methodischen Schritte sind jeweils aus der den Kits beigegebenen Beschreibung ersichtlich und können von einem mit radioimmunologischen Methoden erfahrenen Personal ohne größere Schwierigkeiten durchgeführt werden.

Ergebnisse

Die 99 männlichen Probanden wurden in drei Altersgruppen unterteilt (10—20, 20—40; 50—80 Jahre). Die entsprechenden Mittelwerte für diese Gruppen betrugen 2,4 ± 1,2 ng/ml, 3,9 ± 1,5 ng/ml und 5,2 ± 3,8 ng/ml PRL (Tab. 1).

Altersgruppe	n	Mittelwert u. $\bar{x}$
10 – 20 a	15	2,4 ± 1,2 ng/ml
20 – 40 a	32	3,9 ± 1,5 ng/ml
50 – 80 a	52	5,2 ± 3,8 ng/ml

Tabelle 1. *Prolaktin-(PRL-)Normalwerte in den verschiedenen Altersstufen*

Beim Sertoli cell only syndrome wurden insgesamt 10 Patienten im Alter von 27 bis 36 Jahren untersucht, wobei sich für PRL ein Mittelwert von 3,08 ± 2,14 ng/ml ergab (Tab. 2).

Beim Prostatakarzinom im Stadium D wurden 4 Patienten mit Zustand nach Hormonintervalltherapie und Orchiektomie untersucht. Die PRL-Werte

PATIENT	FSH	LH	PT	E_2	PROLACTIN
	10-19 mU/ml	6-12 mU/ml	0,35±11 µg/100 ml	9-25 pg/ml	3,9±1,5 ng/ml
F. E.	13,5	17,0	0,45	54	1,50
S. R.	37,2	29,5	0,22	37	1,25
K. I.	40,5	16,0	0,55	29	2,00
Z. E.	33,8	7,5	0,35	19	7,50
P. F.	40,5	18,0	0,45	18	2,25
A. J.	7,0	11,0	0,40	25	6,50
S. F.	30,4	8,5	0,70	27	2,50
T. J.	40,5	13,0	0,65	55	2,25
U. E.	13,5	31,5	0,90	38	3,00
F. J.	16,9	33,0	0,50	14	2,00
MEAN	27,38	18,5	0,517	31,6	3,08
S. E.	13,22	9,49	±0,10	14,3	±2,14

Tabelle 2. *Plasmaspiegel für FSH, LH, T, E_2 und Prolaktin bei Patienten mit Sertoli-cell-only-Syndrom*

lagen im Bereich von 13,1—18,7 ng/ml, wobei der Plasmatestosteronspiegel Kastratenwerte erkennen ließ (PT unter 1,0 ng/ml; Tab. 3).

PRL Streubreite: 13,1 – 18,7 ng/ml
(PT unter 1,0 ng/ml)

Tabelle 3. *Prolaktin (PRL) beim Prostatakarzinom, Stadium D* (Zustand nach Hormonintervalltherapie und Orchiektomie)

Diskussion

Als Grundlage für weitere PRL-Studien haben wir beim männlichen Geschlecht die PRL-Werte im Serum bestimmt. FRANCHIMONT *et al.* (1976) haben bei 17 Männern einen Wert von 4,3 ± 1,3 ng/ml gefunden. COCULESCU *et al.* (1976) berichteten auf dem Hamburger Endokrinologie-Kongreß über 24 gesunde Männer im Alter von 20—40 Jahren mit einem Durchschnittswert für PRL von 7,69 ± 1,55 ng/ml, bei einer Streubreite von 1,05—18 ng/ml. Auffällig ist bei allen Untersuchern eine erhebliche Streubreite der Werte, trotz Standardisierung der Blutentnahmebedingungen. OGHO *et al.* (1976) verwiesen diesbezüglich auf die erheblichen Schwankungen des PRL im 24-Stunden-Rhythmus und auf die Einwirkungen von Streß und Hypoglykämie. Bemerkenswert ist ferner die Zunahme von PRL im Alter. Inwieweit dabei der Testosteron- und Östrogengehalt des Plasmas eine Rolle spielt, wird späteren Untersuchungen vorbehalten sein.

Hinsichtlich des Sertoli cell only syndrome liegt der PRL-Durchschnittswert mit 3,08 ± 2,14 ng/ml geringfügig unter dem für diese Altersgruppe ermittelten Normalwert. Erwähnenswert ist die erhebliche Streubreite der PRL-Werte (1,6—7,5 ng/ml) Auffällig ist ferner, daß gerade die hohen PRL-Werte bei Patienten mit normalem Östradiol (E_2) auftraten, während deutlich erhöhte E_2-Werte häufiger bei einem niedrigen PRL-Wert gefunden wurden. Wir möchten jedoch aus diesem Trend keine voreiligen Schlüsse ziehen. Keine Beziehungen zum PRL ließen sich bei den gleichzeitig ermittelten Werten für PT, LH und FSH finden.

Zu unseren 4 Patienten mit Prostatakarzinom läßt sich bisher nur sagen, daß die Werte für PRL wesentlich höher als die Normalwerte liegen und sogar die Durchschnittswerte der Frau im Menstruationsalter (7,83 ± 4,88 ng/ml) [28] bei weitem übertreffen. Inwieweit die Östrogene dafür verantwortlich sind, bleibt ebenfalls weiteren Studien vorbehalten.

Literatur

1. APOSTOLAKIS, M.: Prolactin. Vitamins Hormones **26,** 197—235 (1968).
2. MCGARRY, E. E., RUBINSTEIN, D., BECK, J. C.: Growth Hormones and Prolactins: Biochemical, Immunological and Physiological Similarities and Differences. Ann. N. Y. Acad. Sci. **148,** 559 (1968).
3. JACOBS, L. S.: Methods of Hormone Radioimmunoassay (eds. B. M. JAFFE, H. R. BEHRMAN), p. 87. New York: Academic Press, Inc. 1974.

4. RIDDLE, O., BATES, R. W., DYKSHORN, S. W.: The Preparation, Identification, and Assay of Prolactin — a Hormone of the Anterior Pituitary. Amer. J. Physiol. **105**, 191 (1933).

5. NICOLL, C. S.: Bio-assay of Prolactin. Analysis of the Pigeon Crop Sac Response to Local Prolactin Injection by an Objective and Quantitative Method. Endocrinology **80**, 641 (1967).

6. FORSYTH, I. A., MYRES, R. P.: Human Prolactin. Evidence Obtained by the Bioassay of Human Plasma. J. Endocrinol. **51**, 157 (1971).

7. KLEINBERG, D. L., FRANTZ, A. G.: Human Prolactin: Measurement in Plasma by in Vitro Bioassay. J. Clin. Invest. **50**, 1557 (1971).

8. LOEWENSTEIN, J. E., MARIZ, I. K., PEAKE, G. T., DAUGHADAY, W. H.: Prolactin Bioassay by Induction of N-Acetyllactosamine Synthetase in Mouse Mammary Gland Explants. J. Clin. Endocrinol. **33**, 217 (1971).

9. TURKINGTON, R. W.: Measurement of Prolactin Activity in Human Serum by the Induction of Specific Milk Proteins in Mammary Gland in Vitro. J. Clin. Endocrinol. **33**, 210 (1971).

10. HWANG, P., GUYDA, H., FRIESEN, H.: A Radioimmunoassay for Human Prolactin. Proc. Nat. Acad. Sci. U. S. **68**, 1902 (1971).

11. SINHA, Y. N., SELBY, F. W., LEWIS, U. J., VANDER LAAN, W. P.: A Homologous Radioimmunoassay for Human Prolactin. J. Clin. Endocr. Metab. **35**, 182 (1973).

12. BRYANT, G. D., SILER, T. D., GREENWOOD, F. C., PASTEELS, J. L., ROBYN, C., HUBINOT, P. O.: Radioimmunoassay of a Human Pituitary Prolactin in Plasma. Hormones **2**, 139 (1971).

13. L'HERMITE, M., ROBYN, C.: Prolactine hypophysaire humaine: détection radioimmunologique et taux au cours de la grossesse. Ann. Endocr. **33**, 357 (1972).

14. POSNER, B. I.: Characterization and Modulation of Growth Hormone and Prolactin Binding in Mouse Liver. Endocrinology **98**, 645 (1976).

15. KLEDZIK, G. S., MARSHALL, S., CAMPBELL, G. A., GELATO, M., MEITES, J.: Effects of Castration, Testosterone, Estradiol, and Prolactin on Specific Prolactin-Binding Activity in Ventral Prostate of Male Rats. Endocrinology **98**, 373 (1976).

16. BARTKE, A.: Effects of Inhibitors of Pituitary Prolactin Release on Testicular Cholesterol Stores, Seminal Vesicles Weight, Fertility, and Lactation in Mice. Biology of Reproduction **11**, 319 (1974).

17. ROLLAND, R., GUNSALUS, G. L., HAMMOND, J. M.: Demonstration of Specific Binding of Prolactin by Porcine Corpora Lutea. Endocrinology **98**, 1083 (1976).

18. LAWSON, D. M., GALA, R. R.: The Interaction of Dopaminergic and Serotonergic Drugs on Plasma Prolactin in Ovariectomized, Estrogen-Treated Rats. Endocrinology **98**, 42 (1976).

19. ENJALBERT, A., CARBONELL, L., PRIAM, M., KORDON, C.: Further Evidence in Favour of the Existence of a Dopamine (DA) Free Prolactin-Inhibiting Factor (PIF) in Rat Hypothalamic Extracts (HE). Lecture: V. International Congress of Endocrinology, Hamburg (1976).

20. VIJAYAN, E., MCCANN, S. M.: Catecholamine Involvement in Control of Prolactin and LH Release. Lecture: V. International Congress of Endocrinology, Hamburg (1976).

21. YAMAUCHI, J., TAKAHARA, J., OFUJI, T.: Stimulation of Prolactin Secretion by Metoclopramide in Man and Rats. Lecture: V. International Congress of Endocrinology, Hamburg (1976).

22. GALA, R. R., SUBRAMANIAN, M. G., PETERS, J. A., JAQUES, S.: The Influence of Atropine on Drug-induced Prolactin Release in the Monkey. Lecture: V. International Congress of Endocrinology, Hamburg (1976).

23. Subramanian, M. G., Gala, R. R.: The Influence of Cholinergic, Adrenergic, and Serotonergic Drugs on the Afternoon Surge of Plasma Prolactin in Ovariectomized, Estrogen-Treated Rats. Endocrinology **98**, 842 (1976).

24. von Werder, K., Fahlbusch, R., Landgraf, R., Rjosk, H. K.: Differential Therapie of Hyperprolactinemia Associated With Pituitary Tumors. Lecture: V. International Congress of Endocrinology, Hamburg (1976).

25. Ohgo, S., Kato, Y., Chihara, K., Imura, H.: Plasma Prolactin Responses to Thyrotropin-Releasing Hormone in Patients With Breast Cancer. Cancer **37**, 1412 (1976).

26. Nicoll, C. S., Meites, J., Blackwell, C.: Estrogen Stimulation of Prolactin Production by Rat Adenohypophysis in Vitro. Endocrinology **70**, 272 (1962).

27. Sheth, A. R., Shah, G. V., Dattatreyamurty, B., Mugatwala, P. P., Rao, S. S.: Physiological Significance of Prolactin in Human Semen. Lecture: I. International Congress of Andrology, Barcelona (1976).

28. Franchimont, P., Reuter, A., Vrindts-Gevaer, Y., van Cauwenberge, J. R., Dourcy, C., Remacle, P., Legros, J. J.: Dosage de la Prolactine dans les conditions normales et pathologiques (in Druck).

29. Coculescu, M., Oprescu, M., Dimitriu, V.: Prolactin Determination in Hypothalamic Diabetes Insipidus. V. International Congress of Endocrinology, Hamburg (1976).

Anschrift der Verfasser: Dr. W. Weiske, A. ö. Landeskrankenanstalten, Urologische Abteilung, Müllner Hauptstraße 48, A-5020 Salzburg, Österreich.

Pädiatrie und Pädologie, Suppl. 5, 57—61 (1977)

Zur Methodik der Bestimmung von Steroidhormonen aus biologischem Material (Nebennierengewebe)

Von

K. Herkner, J. Jörg, W. Waldhäusl* und H. Haschek

Aus der I. Medizinischen Universitäts-Klinik, Wien
(Vorstand: Prof. Dr. E. Deutsch)

Mit 2 Abbildungen

Zusammenfassung

Zur Erfassung der Steroidbiosynthese in menschlichen Nebennieren wurde eine Methode zur raschen und genauen Erfassung von Steroiden im Nebennierengewebe entwickelt. Die Vorreinigung der Extraktionslösungen wurde mittels Dünnschichtchromatographie vorgenommen. Die weiteren Auftrennungen, die qualitative Zuordnung sowie die quantitative Erfassung der Steroide wurde mittels Gaschromatographie durchgeführt, wobei die Steroide in underivatisierter Form aufgegeben wurden. Zur Untersuchung gelangten 13 Steroide aus den Synthesereihen der Mineralo- und Glukokortikoidreihe sowie der Sexualhormone. Das beschriebene Verfahren ermöglicht die gleichzeitige Aufarbeitung mehrerer Gewebeproben innerhalb eines Zeitraumes von 2 Wochen.

Summary

A New Method for the Determination of Steroidal Hormones in Biological Material (Adrenal Tissue)

A rapid method is described for the determination of some steroidal hormones in adrenal tissue. The following steroids were measured: pregnenolone, progesterone, deoxycorticosterone, corticosterone, aldosterone, 17-alpha-OH-pregnenolone, deoxycortisol, cortisol, cortisone, 17-alpha-OH-progesterone, dehydroepiandrosterone, androstendione, and testosterone. After extraction of the steroids the purification steps were performed by thin layer chromatography. Gas chromatography was used for further separation and quantitative analysis of underivatized steroids. The GC-analysis of steroids without any derivatisation makes this procedure comparatively simple and exact. Recovery of the steroid content of the tissue ranged from 30% to 70%. This method described herewith has several advantages, and allows the analysis of two tissues at the same time for a large number of adrenal steroids within two weeks.

* Durchgeführt mit Unterstützung des Fonds zur Förderung der wissenschaftlichen Forschung Österreichs, Forschungsnummer 1783.

1. Einleitung

Ziel unseres Berichtes ist die Beschreibung eines vereinfachten, reproduzierbaren Verfahrens für die Erfassung von Nebennierensteroiden. Die Analytik der Untersuchungen von Steroidbiosynthesen in Geweben erfolgte bisher vorzugsweise durch Vorreinigung der Steroide mittels papierchromatographischer Systeme (Bush 1972, Zaffaroni *et al.* 1950). Endanalytisches System war meistens die Gaschromatographie, wobei fast ausschließlich Derivate der Steroide eingesetzt wurden. Eine wesentliche Bedeutung kommt dabei den Sililäthern zu (Luukkainen *et al.* 1961). Daneben sind auch Seitenkettenspaltungen unter Verwendung von Periodat (Kirschner *et al.* 1962) oder von Bismutat (Baily 1964) bekannt. Über die Stabilisierung der Ketogruppen als Metoxim berichten Fales und Luukkainen (1965).

Berichte über Untersuchungen von Steroidbiosynthesen in Operationspräparaten menschlicher Nebennieren liegen nur vereinzelt vor. Ein Vergleich der einzelnen Ergebnisse ist schwer durchzuführen, da die Berichte fast ausschließlich von pathologischen Präparaten stammen oder die angewandten Methoden zu unterschiedlich sind. Sinterhauf *et al.* (1974) berichtete von Untersuchungen dieser Art, wobei auch hier die Steroide acetyliert (Wörsdörfer *et al.* 1972) oder durch Oxidation (Edwards *et al.* 1958) für die GC vorbereitet wurden.

2. Material und Methoden

Ausgehend von Cholesterin, wurden aus den Synthesereihen der Mineralo- und Glukokortikoide sowie der Sexualhormone folgende Steroide bestimmt: Pregnenolon, Progesteron, Deoxykortikosteron und Kortikosteron; 17-Alpha-Hydroxy-Pregnenolon, 17-Alpha-Hydroxy-Progesteron, Deoxykortisol, Kortisol und Kortison; sowie Dehydroepiandrosteron, Androstendion und Testosteron (Herkner *et al.*, in Vorbereitung). Die Bestimmung von Aldosteron erfolgte radioimmunologisch, analog einem von uns früher berichteten Verfahren (Waldhäusl *et al.* 1972).

Als Untersuchungsmaterial dienten menschliche Nebennieren, die sofort nach der operativen Entnahme zur Aufarbeitung gelangten. Die Inkubation wurde bei 37° C in einer durch Zusatz von NADP (10 mg/ml) und Glukose-6-Phosphat (G-6-P; 500 μg/ml) modifizierten Krebs-Ringer-Bikarbonat-Glukose-Lösung (KRBG) durchgeführt. Die Stimulierung der Steroidbiosynthese in den Gewebsschnitten erfolgte durch Zusatz von Angiotensin II (Hypertensin-Ciba, Angiotensinamid), ACTH (Synacthen) und Kaliumchlorid zu den Inkubationsansätzen. Die Inkubationsdauer betrug 4 Stunden, die Begasung des Inkubationsgemisches erfolgte mit einem Gemisch aus 92% O_2 und 8% CO_2. Als Vorstufe der Steroidbiosynthese diente Cholesterin (3,6 μg, d. s. 10 nMol/Ansatz). Nach der Inkubation wurden die Steroide den wäßrigen Phasen mittels Chloroform entzogen. Die Ausbeutekontrolle der oben erwähnten Steroide erfolgte durch die entsprechenden tritiierten Verbindungen, wobei je Steroid etwa 65 nCi, entsprechend 1,5 pMol, vor Beginn der Extraktion zugesetzt wurden. Die Messungen wurden in einem *Tri-Carb* durchgeführt. Die organischen Extraktionsphasen wurden zur Trockene eingeengt, in Methanol resuspendiert und einer Verteilung gegenüber n-Heptan unterworfen. Die abgetrennten Methanolphasen wurden für die folgende Dünnschichtchromatographie verwendet. Letztere erfolgte auf mit Kieselgel beschichteten Fertigplatten (20 × 20 cm, Schichtdicke 0,25 mm). Laufmittel war eine Mischung aus Cyclohexan und Äthylazetat (20 : 80).

Die Dünnschichtchromatographie ermöglichte eine Auftrennung des Steroidgemisches in 5 Gruppen, wobei Gruppe 1 Aldosteron, Gruppe 2 Kortikosteron, Kortisol und Kortison, Gruppe 3 11-Deoxykortisol und Deoxykortikosteron, die Gruppe 4 das Testosteron und die Gruppe 5 die Steroide 17-Alpha-Hydroxy-Pregnenolon, 17-Alpha-Hydroxy-Progesteron, Androstendion, Dehydroepiandrosteron, Pregnenolon, Progesteron und das Cholesterin enthielt (s. Abb. 1).

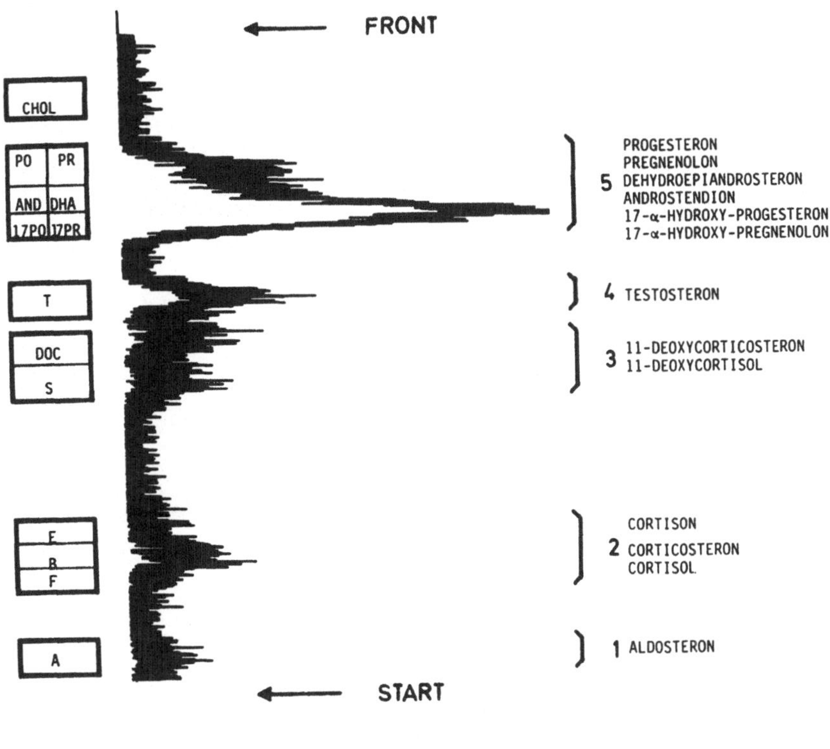

Abb. 1. Dünnschichtchromatographische Auftrennung von Steroiden
Laufmittel = Cyclohexan : Äthylacetat (20 : 80)

Die Eluation der einzelnen Gruppen erfolgte mit Äthylazetat. Äquivalente Mengen dieser Eluate wurden für die Erfassung der Ausbeute der einzelnen Zonen eingesetzt.

Die weitere Auftrennung der Steroide erfolgte gaschromatographisch mit einem Gerät in All-Glas-Ausführung (Fa. Packard-Becker, Modell 419) mit Flammenionisationsdetektoren. Die Trennung der Steroide wurde auf einer Säule der Type OV-1, 3% vorgenommen. Die Säulendimension war 2 m × 6/2 mm.

Die Steroide der Gruppe 1—4 wurden isotherm bei einer Ofentemperatur von 265° getrennt. Die Analyse der Steroide der Gruppe 5 erfolgte mit Hilfe eines linearen Temperaturprogramms (s. Abb. 2). Anfangstemperatur lag bei 240° C; die Endtemperatur von 279° C wurde unter Einhaltung eines Temperaturgradienten von 3° C/min erreicht.

3. Ergebnisse und Diskussion

Alle gaschromatographischen Analysen wurden an underivatisierten Steroiden durchgeführt. Damit wurde die zeitraubende Arbeit des Derivatisierens sowie der Reinigung der Derivate von den Reaktionsteilnehmern vermieden und auch ein gewisser Unsicherheitsfaktor der quantitativen Bestimmung infolge erhöhter Ausbeuteverluste ausgeschaltet. Auch Zersetzungserscheinungen, die bei sililierten Proben manchmal besonders gefürchtet sind,

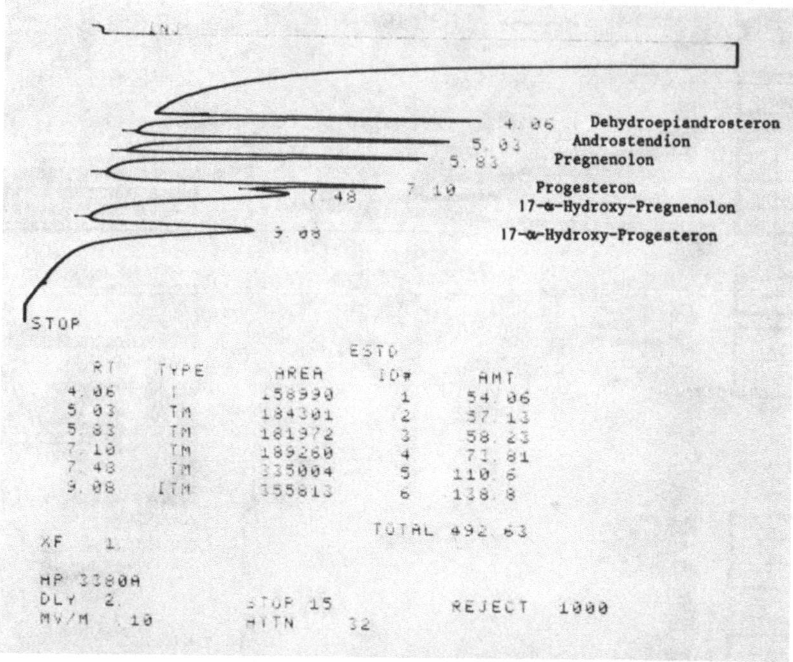

Abb. 2. Gaschromatographische Auftrennung der underivatisierten Steroide der Guppe 5

wurden bei dem underivatisiert untersuchten Steroidmaterial nicht beobachtet. Die Erfassungsgrenzen für die underivatisierten Steroide betrugen für Mineralokortikoide um 10—50 ng und für die Glukokortikoide sowie Androgene um 1—5 ng.

Der Variationskoeffizient für die Bestimmung der untersuchten Steroide betrug für Mehrfachbestimmungen 10—21 %. Die Ausbeute der Steroide nach Durchführung aller präparativen Schritte ist mit 30—70 % anzugeben. Die Schwankungen der Ausbeute aus verschiedenen Nebennierengeweben waren vermutlich durch den unterschiedlichen Fettgehalt des Ausgangsmaterials bedingt.

Klinisch ermöglicht die Anwendung des skizzierten Verfahrens das Studium der Steroidbiosynthese verschiedener pathologischer Zustände der Nebenniere. Zur Untersuchung gelangte ein Fall mit primärem Aldosteronismus, wobei die Steroidbiosynthese des normalen umgebenden Nebennierengewebes jenem des Adenoms gegenübergestellt wurde. Es zeigt sich, daß die Synthese von Aldosteron je 24 Stunden in einem Nebennierenrindenadenom bei primärem Aldosteronismus das 100fache je g Naßgewicht des Normalgewebes erreicht. Der Wert für Kortikosteron liegt hingegen auffallenderweise im

Adenombereich 27fach niedriger als in unverändertem Nebennierengewebe. Die Produktion von Kortisol erreicht im Adenombereich jedoch nur den 1,5fachen Wert des Kontrollgewebes.

Insgesamt scheint die dargestellte Methode beträchtliche Vorteile für die Aufarbeitung von Nebennierengeweben zu gewährleisten. Hervorzuheben wäre die hohe Ausbeute, die hohe Empfindlichkeit und die verhätlnismäßig einfache Durchführung der Aufarbeitung, die die Analyse von 2 Geweben für eine große Anzahl von Zwischenstufen der Steroidsynthese in höchstens 2 Wochen ermöglicht.

Literatur

BAILY, E.: The Use of Gas-liquid Chromatography in the Assay of Some Corticosteroids in Urine. J. Endocrinol. **28,** 131—138 (1964).

BUSH, I. E.: Methods of Paper Chromatography of Steroids Applicable to the Study of Steroids in Mammalian Blood and Tissues. Biochem. J. **50,** 370—378 (1952).

EDWARDS, R. W. H., KELLIE, A. E.: The Determination of 17-Ketogenic Steroids. Acta Endocrin. **27,** 262—268 (1958).

FALES, M. H., LUUKKAINEN, T.: O-Methyloximes as Carbonyl Derivatives in Gaschromatography, Mass Spectrometry, and Nuclear Magnetic Resonance. Anal. Chem. **37,** 955—957 (1965).

HERKNER, K., JÖRG, J., WALDHÄUSL, W., HASCHEK, H., NOWOTNY, P.: Untersuchungen über Steroidbiosynthesen in menschlichen Nebennieren (in Vorbereitung).

KIRSCHNER, M. A., FALES, M. H.: Gas-chromatographic Analysis of 17-Hydroxycorticosteroids by Means of Their Bismethylene Dioxy Derivatives. Anal. Chem. **34,** 1458—1551 (1962).

LUUKKAINEN, T., VANDEN HEUVEL, W. J. A., HAAHTI, E. O. A., HORNING, E. C.: Gaschromatographic Behaviour of Trimethylsilyl Ethers of Steroids. BBA **52,** 599—601 (1961).

SINTERHAUF, K., HERZOG, P., DIEDRICHSEN, G., LOMMER, D.: In-vitro-Corticoidbiosynthese in menschlichen Nebennieren. Klin. Wschr. **52,** 816—826 (1974).

WALDHÄUSL, W., HAYDL, H., FRISCHAUF, H.: Determination of Aldosterone by Sephadex LH-20 Chromatography and Radioimmunoassay. Steroids **20,** 727—736 (1972).

WÖRSDÖRFER, O., DIEDRICHSEN, G., LOMMER, D.: Eine gaschromatographische Methode zur Bestimmung der Sekretionsrate und Exkretionsrate von Aldosteron. Z. f. Klin. Chemie **40,** 555—564 (1972).

ZAFFARONI, A., BURTON, R. B., KEUTMANN, E. H.: Adrenal Cortical Hormones: Analysis by Paper Partition Chromatography and Occurrence in the Urine of Normal Persons. Science **111,** 6—8 (1950).

Anschrift der Verfasser: Dr. K. HERKNER, I. Med. Univ.-Klinik, Abt. für Klinische Endokrinologie, Lazarettgasse 14, A-1090 Wien, Österreich.

Pädiatrie und Pädologie, Suppl. 5, 63—69 (1977)

Untersuchungen der CAMP-Exkretion bei Pseudohypoparathyreoidismus

Von

W. Stögmann

Aus der Universitäts-Kinderklinik, Graz
(Vorstand: Univ.-Prof. Dr. E. Zweymüller)

Mit 4 Abbildungen

Zusammenfassung

Der Pseudohypoparathyreoidismus (PHP) stellt eine hereditäre Erkrankung mit typischen Gestaltsmerkmalen und Symptomen eines Hypoparathyreoidismus dar, der auf Parathormon jedoch resistent ist.

Bei 3 kindlichen Patienten mit PHP wird zunächst gezeigt, daß diese Parathormonresistenz, bezogen auf Phosphatausscheidung und Serumkalziumanstieg, nur vor einer Vitamin-D-Behandlung nachweisbar ist, während dieser aber nicht mehr besteht.

Im Gegensatz hiezu konnte weder vor noch unter einer Vitamin-D-Medikation durch Parathyreoidea-Extrakt eine Mehrausscheidung von cAMP, dem second messenger der Parathormonwirkung, beobachtet werden.

Diese defekte cAMP-Exkretion gilt daher als sicherstes diagnostisches Kriterium eines PHP und ist auch von fundamental-kausaler Bedeutung für die Pathogenese dieser Erkrankung, da sich diese hiermit als eine „disease of the second messenger“ herausgestellt hat.

Summary

Investigations of the Urinary cAMP-Excretion in Pseudohypoparathyroidism

Pseudohypoparathyroidism (PHP) is a hereditary disorder with typical dysmorphic signs and clinical and laboratory symptoms of hypoparathyroidism which is resistant however to parathyroid extract. Albright and coworkers supposed that this resistance was caused by an inability of the renal tubules to respond to parathyroid hormone.

On three children, suffering from PHP, we could demonstrate that parathyroid extract-resistance disappears during treatment with vitamin D.

Measurements of urinary excretion of cAMP, the second messenger for parathyroid hormone, in the same patients showed low basal levels of this nucleotide, which could not be stimulated by parathyroid extract either before or during vitamin D-treatment.

This constantly low and by parathyroid extract not stimulable cAMP-excretion is now the symptom with the most diagnostic value for PHP.

Beyond this the finding of this defective urinary excretion of cAMP in PHP was able to explain the hitherto unknown pathogenesis of this disorder: the parathyroid hormone — sensitive adenylcyclase system is here unable to mediate the action of parathyroid hormone on its target cells, so causing a peripheral block of parathyroid-hormone activity. Therefore Greenberg and coworkers justly term PHP a disease of the second messenger.

Der Pseudohypoparathyreoidismus (PHP) stellt eine unregelmäßig dominant vererbte Krankheit dar, die durch die Kombination typischer dysmorphischer Gestaltsmerkmale (wie Rundgesicht, kleiner, gedrungener Körper, kurze Extremitäten und Oligophrenie) mit den klinischen Laborbefunden eines Hypoparathyreoidismus gekennzeichnet ist. Als pathognomonisches und daher auch wertvolles diagnostisches Kriterium galt bis vor kurzem der Nachweis einer Parathormonresistenz, die von Albright und Mitarb. auf ein Nichtansprechen der Nierentubuli auf Parathormon (PTH) zurückgeführt wurde.

Bei 3 kindlichen Patienten mit PHP haben wir diese Parathormonresistenz vor und während einer Vitamin-D_3-Behandlung untersucht. Zugleich haben wir Messungen der Ausscheidung von zyklischem Adenosin-Monophosphat (CAMP), dem second messenger der Parathormonwirkung, ebenfalls vor und unter Vitamin D_3, durchführen lassen*. (Über die Klinik dieser Patienten und die Methodik der erwähnten Untersuchungen haben wir an anderer Stelle ausführlich berichtet [6].)

Ergebnis

Abb. 1 zeigt den Ellsworth-Howard-Test bei einem unserer Patienten. Die linken Säulen stellen die stündlichen Phosphatmengen im Harn am Kontrolltag dar, die rechten jene am Versuchstag, an dem 200 E Parathyreoidea-Extrakt (PTE) intravenös appliziert worden ist. Teil a) der Abbildung zeigt das Testergebnis vor der Vitamin-D-Behandlung: Wie deutlich erkennbar ist, kommt es nach PTE zu keinem nennenswerten Anstieg der Phosphaturie.

Die mittleren und rechten Säulengruppen stellen Ellswort-Howard-Tests beim gleichen Patienten 7 Wochen (b) bzw. 10 Monate (c) nach Einleitung einer Vitamin-D-Therapie dar: Zu beiden Terminen ist eine normale Reaktion auf PTE (mit einer Mehrausscheidung von 423 bzw. 363 % gegenüber dem Kontrolltag) nachweisbar.

Daß unter der Vitamin-D-Behandlung aber nicht nur die eine Wirkung des PTH, die Phosphatausscheidung, nachweisbar ist, sondern auch die zweite, die Steigerung des Serum-Kalziums, zeigt Abb. 2. Vor der Therapie steigt trotz täglicher PTE-Injektion von 600 E, 7 Tage hindurch i. m. appli-

* Für die Durchführung dieser Bestimmungen sind wir Herrn Dr. G. van den Berghe, Laboratoire de Chimie physiologique, Louvain/Belgien, zu Dank verpflichtet.

ziert, das Serum-Kalzium nicht an; unter der Vitamin-D-Behandlung aber, wieder nach 7 Wochen bzw. 10 Monaten überprüft, kommt es zu hyperkalzämischen Werten.

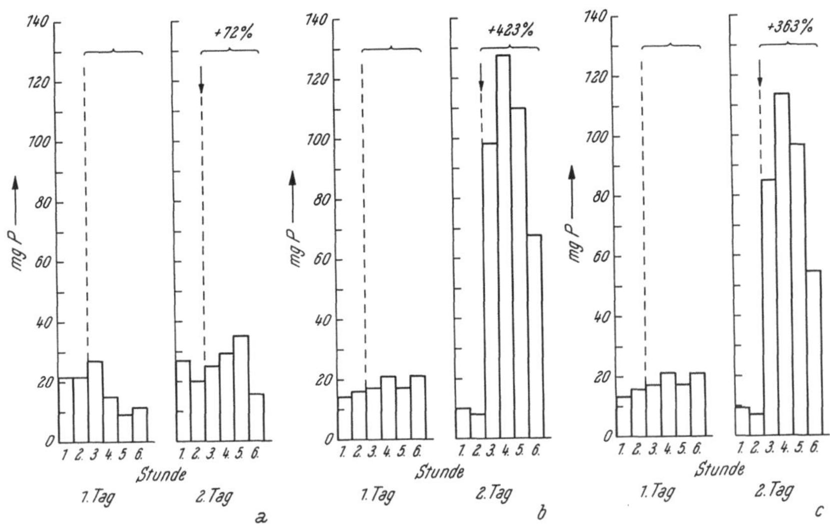

Abb. 1. Ellsworth-Howard-Tests: a) vor Therapiebeginn, b) nach 7 Wochen Vitamin D, c) nach 10 Monaten Vitamin D (Der Pfeil bedeutet Zeitpunkt der PTE-Injektion)

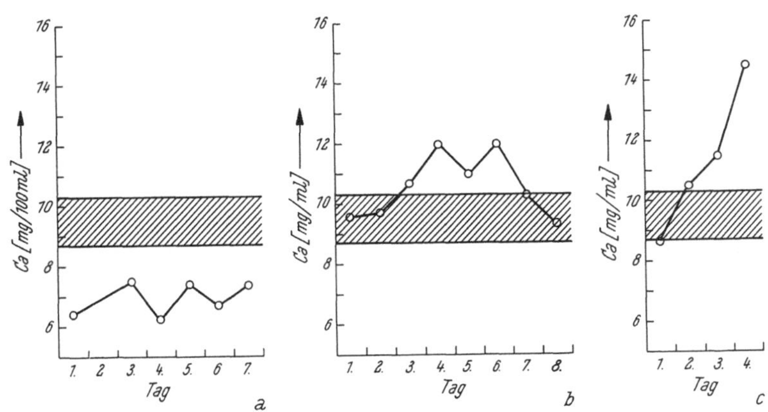

Abb. 2. Protrahierte PTE-Belastungen: a) vor Therapiebeginn, b) nach 7 Wochen Vitamin D, c) nach 10 Monaten Vitamin D

Tab. 1 zeigt zunächst die Werte der CAMP-Ausscheidung im Harn bei einem gesunden Vergleichskind: Unter basalen Bedingungen betragen die Werte zwischen 6,82 und 98,68 nmol/mg Kreatinin/Stunde. Nach i. v. Applikation von 200 E PTE kommt es zu einer prompten und sehr ausgeprägten Mehrausscheidung bis zu 329 nmol/mg Kreatinin/Stunde, die in den nächstfolgenden Stunden wieder auf basale Werte zurückgeht.

Bei pseudohypoparathyreoten Patienten (s. Tab. 2 und Abb. 3) erbrachten die CAMP-Messungen — zunächst vor der Vitamin-D-Therapie — folgende

Tabelle 1. *cAMP-Exkretion im Harn bei Kontrollkind*

	Kontrolltag cAMP nmol/mg Kreatinin	Versuchstag 200 E. PTE um 9 h
8— 9 h	6,82	98,68
9—10 h	13,00	329,04
10—11 h	13,25	45,04
11—12 h	8,91	33,82

Tabelle 2. *cAMP-Exkretion im Harn bei Patient (vor Therapie)*

	Kontrolltag cAMP nmol/mg Kreatinin	Versuchstag 200 E. PTE um 9 h
8— 9 h	4,97	5,81
9—10 h	9,88	6,13
10—11 h	6,67	4,56
11—12 h	4,29	4,00

Ergebnisse: Die Werte sind basal bereits etwas niedriger als beim Vergleichskind und auch auf PTE-Injektion kommt es zu keiner Mehrausscheidung von CAMP.

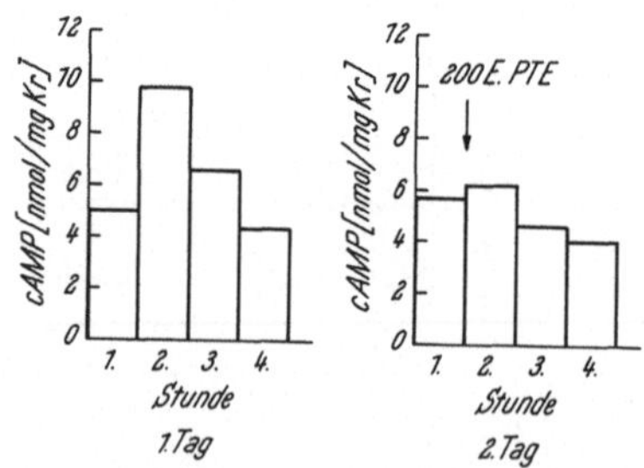

Abb. 3. CAMP-Ausscheidung im Harn vor Vitamin-D-Therapie

Aber auch unter der Vitamin-D-Therapie kommt es, wie aus Abb. 4 hervorgeht, nach PTE-Applikation zu keiner vermehrten Ausscheidung von CAMP im Harn.

Besprechung

Aus diesen Ergebnissen geht hervor, daß die einen PHP beweisende Parathormonresistenz nur vor einer Vitamin-D-Behandlung zu finden ist, unter dieser Medikation aber nicht mehr nachweisbar ist und daher hier auch diagnostisch im Stich läßt. Im Gegensatz hiezu bleiben die CAMP-Werte auch unter Vitamin D, basal und durch PTE-Injektion unbeeinflußt, unverändert niedrig. Dieser Befund, einer durch PTE vor und unter Vitamin-D-Therapie nicht stimulierbaren CAMP-Exkretion, gilt daher heute als diagnostisch wertvollster und die Diagnose allein beweisender Befund eines PHP.

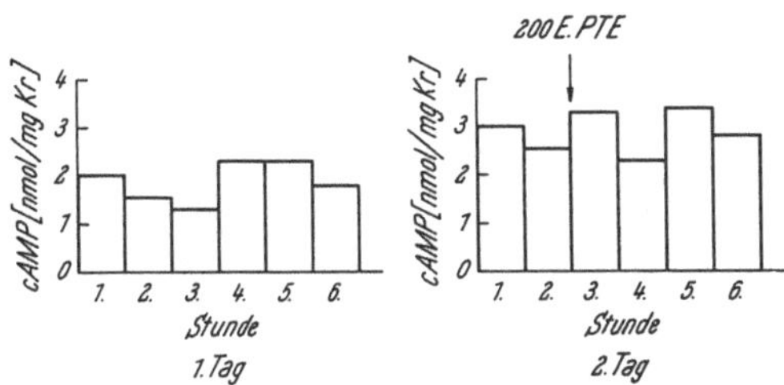

Abb. 4. CAMP-Ausscheidung im Harn nach 10monatiger Vitamin-D-Therapie

Das Verschwinden der Parathormonresistenz unter Vitamin-D-Behandlung und die durch PTE nicht stimulierbare CAMP-Exkretion wurden auch von anderen Autoren beobachtet [2, 7].

Der Nachweis einer defeketen CAMP-Exkretion bei PHP hat nicht nur für die Diagnose entscheidende Erkenntnisse gebracht, sondern vor allem auch den Überlegungen zur Abklärung der Pathogenese dieser Krankheit neue Anstöße gegeben.

Bei Gesunden erfolgt die Übermittlung der Parathormonwirkung durch CAMP nach folgendem vereinfacht dargestellten Mechanismus: Das Parathormon, als first messenger der Hormonwirkung, gelangt an die Außenwand der Zielzellen, das sind die kortikalen Nierentubulus- bzw. Knochenzellen, und verbindet sich hier mit einem molekularen Rezeptor. Dadurch wird in der Zellmembran eine parathormonsensitive Adenylzyklase aktiviert, die aus ATP intrazellulär die Bildung von CAMP stimuliert. Dieses wirkt als second messenger, indem es über Enzyminduktion und Permeabilitätsaktivierung die hormonspezifischen Wirkungen des PTH, nämlich Phosphatausscheidung im Harn und Kalziumanstieg im Serum, auslöst [3]. Als Ursache der defekten CAMP-Ausscheidung bei PHP haben Chase und Mitarb. einen Mangel oder eine fehlerhafte Form der parathormonsensitiven Adenylzyklase erwogen. Marcus und Mirtarb. konnten aber in der Nierenrinde eines verstorbenen Patienten mit PHP eine normale Adenylzyklaseaktivität nachweisen, die auf PTE-Applikation proportional gesteigert werden konnte. Danach ist bei PHP eine mangelnde oder fehlerhafte Adenylzyklase eher unwahrscheinlich und auch der Rezeptor für PTH als intakt anzusehen. Die Störung könnte auf einem Defekt im intrazellulären CAMP-Transport [5] oder in einer abnorm gesteigerten Metabolisierung dieses Nukleotids in biologisch inaktive Abbaustufen beruhen [2].

Wenn auch noch nicht geklärt ist, welcher Schritt im Adenylzyklasekomplex gestört ist, steht außer Zweifel, daß diese Störung von fundamentalkausaler Bedeutung für die Pathogenese des PHP ist. Damit ist die erste,

1942 von Albright und Mitarb. erstellte Hypothese der Endorganresistenz bestätigt. Wie die CAMP-Untersuchungen zeigen konnten, besteht diese darin, daß das parathormonsensitive Adenylzyklasesystem im Nieren- und Knochengewebe nicht imstande ist, die PTH-Wirkung zu übermitteln. Der PHP stellt somit einen inborn error of metabolism dar, der im parathormonsensitiven Adenylzyklasekomplex liegt, weshalb Greenberg und Mitarb. zu Recht von einer „disease of the second messenger“ sprechen.

Literatur

1. Albright, F., Burnett, C. H., Smith, P. H., Parson, W.: Pseudohypoparathyroidism. Endocrinology **30**, 922—932 (1942).

2. Chase, L. R., Melson, G. L., Aurbach, G. D.: Pseudohypoparathyroidism: Defective Excretion of 3',5'-AMP in Response to Parathyroid Hormone. J. clin. Invest. **48**, 1832—1844 (1969).

3. Gekle, D.: Einfluß und Wirkung von Parathormon und Vitamin D auf den renalen und enteralen Resorptionsmechanismus. Mschr. Kinderheilk. **120**, 363—371 (1972).

4. Greenberg, S. R., Karabell, S., Saade, G. A., Pseudohypoparathyroidism. A Disease of the Second Messenger. Arch. Intern. Med. **129**, 633—637 (1972).

5. Marcus, R., Wilber, J. F., Aurbach, G. D.: Parathyroid Hormone-Sensitive Adenylcyclase From the Renal Cortex of a Patient With PHP. J. clin. Endocr. **33**, 537—541 (1971).

6. Stögmann, W.: Pseudohypoparathyreoidismus. Suppl. 33 zur Wien. klin. Wschr. **87** (1975).

7. Suh, S. M., Fraser, D., Kooh, S. W.: Pseudohypoparathyroidism: Responsiveness to Parathyroid Extract Induced by Vitamin D_2 Therapy. J. clin. Endocr. **30**, 609—614 (1970).

Anschrift des Verfassers: Prim. Doz. Dr. Walter Stögmann, Mautner-Markofsches Kinderspital, Baumgasse 75, A-1030 Wien, Österreich.

Pädiatrie und Pädologie, Suppl. 5, 69—81 (1977)

Biochemical Determinants in Gender Identity

By

W. Hamilton and **P. H. Chapman**

University Department of Child Health, Glasgow, U.K.

Summary

The purpose of this communication is to report cognate studies which suggest that the nature of the peripheral metabolism of testosterone may impart gender direction to thought construction and motive.

In patients with the complete testicular feminizing syndrome [4], the XO/XY syndrome [4], female trans-sexualism [4] and testicular agenesis [5] HCG-tests of 3 days duration were performed, and plasma and urinary testosterone, urinary excretion of 5α-androstane, $3\alpha,17\beta$-diol (5α-diol), 5β-androstane, $3\alpha,17\beta$-diol (5β-diol) and epiandrosterone before and after stimulation were measured. In addition steroid transformation was examined by incubation studies with human fetal brain tissue. The results of the latter method presented here are in agreement with published work.

It seems clear therefore that the peripheral levels of androgens, oestrogens and their metabolites combine with cerebral steroid transformation, metabolism and possibly also synthesis in order to establish gender identity. Exploration of the role of peripheral hormones as stimulators of both gender identity and gender function has dictated the need for a new approach to therapy for gender abnormalities in psyche and soma.

Philosophical Considerations

Brain tissue has many functions. It is thought that memory, reason, judgment and will are established within the frontal lobes, a sex identifying centre has been ascribed to the anterior hypothalamus and the faculty of consciousness to the substantia nigra. Moreover the motor and sensory cortices, the area of Broca and the cranial nerve nuclei are undoubted functional units. The integration of all brain function is ill understood other than by recognizing that intimate axonal connections ramify diffusely throughout the whole organ. Less concrete as a brain function is the faculty of thought elaboration, a process which must represent some aspect of brain cells activity. It is attractive to regard thought production as a secretion of brain cells, the exact cells being yet unidentified. If there is an intracellular biochemical sequence of events the end product of which is *thought* then it is unlikely that the biochemical sequence varies with alteration of thought quality since in practice the quality of thought changes more rapidly than a corresponding change in cellular substrates could be effected. Thus the adage "As a man thinketh, so is he" reflects precisely the idea that there are determinants of the quality of thoughts which define the individual. Whether or not such determinants are genetically inherited, or acquired and alterable must be at present conjecture. None-the-less certain of nature's experiments now more fully understood are pointing to determinants of a biochemical nature, which are likely to influence psychosexual thought. The present purpose is to examine the possible controlling factors in psychosexual identity.

Introduction

The person who has the complete form of the testicular feminization syndrome is of 46XY karyotype, has near normal breast development, completely female external genitalia (small normal clitoris, blind ending vagina) absent Müllerian derivatives, sparse or absent pubic and axillary hair and cryptorchid testes (Morris 1953). Their manner of life in thought, word and deed is entirely female. An incomplete variant of the syndrome is also recognized in which the external genitalia are ambiguous and there is a tendency to further masculinization at puberty. At present it is presumed that the complete form of the syndrome, inherited as an apparent X-linked recessive trait, results from a single biochemical defect, which involves the binding of androgen to nuclear receptors in androgen dependent tissues (Keenan *et al.* 1974). If this is so it would seem reasonable therefore to conclude that the entirely feminine mentality of these patients is due either to a similar defect of androgen binding to nuclear receptors in the brain or alternatively to changes in the circulating levels of a normal or abnormal metabolite to testo-changes in the circulating levels of a normal or abnormal metabolite of testosterone which is active at the cerebral level of thought elaboration.

It is already recognized that in the complete form of the syndrome there is a significantly higher plasma testosterone level than in normal men although the testosterone production rate is normal. Thus the testosterone metabolic clearance rate is reduced (Judd *et al.* 1972). It is therefore possible that reduction in the metabolic clearance rate of testosterone results in a pattern of circulating metabolites of testosterone which is capable of permitting female psychosexual identity even in the face of high circulating levels of testosterone. The purpose of this communication is to report cognate studies which suggest that the nature of the peripheral metabolism of testosterone may impart gender direction to thought construction and motive.

Material and Methods

The clinical diagnoses of the patients investigated in this study were complete testicular feminization syndrome [4], the XO/XY syndrome [4], female trans-sexualism [4] and testicular agenesis [5]. Included also were five boys who were without endocrine disease although all had been investigated for delayed onset of pubertal development. All four subsequently entered a normal, if perhaps late puberty. Plasma and urinary testosterone levels were estimated before and on the third day of testicular stimulation (6000 I. U. human chorionic gonadotrophin [HCG] intramuscularly daily). Additionally the urinary excretion of 5α-androstane, 3α,17β-diol (5α-diol), 5β-androstane, 3α,17β-diol (5β-diol) and epiandrosterone before and following HCG stimulation was measured.

Urine (24-h collections) was obtained in the basal state and following testicular stimulation with human chorionic gonadotrophin (HCG) (6000 I. U. daily, intramuscularly). Chloroform (5 ml) was added to each collection as a preservative. Plasma (10 ml) was obtained in the basal state and on the third day of HCG stimulation, from each patient.

Plasma testosterone was measured by election capture detection following gas liquid chromatography. To the plasma (2 ml) tritiated testosterone 0.03 μCi, SA 87 Ci/mM) was added followed by 1.0 M. sodium hydroxide (1 ml). Exraction of testosterone was effected with diethyl ether (3 × 20 ml). The extract was washed with 10 per cent acetic acid (5 ml) and deionized water (5 ml) till neutral. The residue from the diethyl ether was redissolved in 70 per cent methanol (10 ml) and partitioned against hexane (2 × 10 ml). The lower aqueous methanol layer was removed and blown to dryness. The dried extract was applied to a silica t. l. c. plate and developed in benzene : methanol (85 : 15, v/v) for two, one-hour periods. The silica over the radioactive area was removed and eluted with dichloromethane (3 × 2 ml) and methanol (3 × 2 ml). The dried extract was rechromatographed by t. l. c. in the solvent system benzene : ethyl acetate (6 : 4, v/v) for two, one-hour periods and the silica from the radioactive area removed and eluted as before. Testosterone-17-mono-heptafluorobutyrate was formed by reacting the dried residue with heptafluorobutyric anhydride (50 μl) for 30 minutes at room temperature. Excess reagent was removed under a stream of nitrogen and the residue applied to a silica plate for development in cyclohexane : ethyl acetate (1 : 1, v/v). Two 55 minute development periods were used, the second when the plate was turned through 90°. The silica area containing testosterone-17-heptafluorobutyrate was removed and the silica eluted with ethyl acetate (3 × 2 ml) and acetone (3 × 2 ml). Following evaporation to dryness, the extract was redissolved in ethyl acetate (1 ml). Aliquots were taken for recovery rate estimation and for g. l. c. (ECD).

Urinary Androgens. To urine at pH 4.6 (100 ml) tritiated testosterone (30 nCi: SA 87 Ci/mM) (0.036 uCi) and β-glucuronidase (750 FU per ml) were added and the mixture incubated for 72 h at 37° C. The pH was maintained by the addition of 2 M acetate buffer (10 ml). The hydrolysed urine was filtered through Whatman GF/A glass fibre filter and the filtrate extracted with diethyl ether was washed with 5 M sodium hydroxide (10 ml) and deionized water (20 ml) until neutral pH. The extract was evaporated to dryness and redissolved in 70 per cent (v/v) methanol in water (10 ml) before partitioning against hexane (10 ml). The aqueous methanol layer was dried under nitrogen. The dried extract was then redissolved in dichloromethane (2 ml) and a quantitative aliquot processed as for plasma testosterone. The remainder was esterified with heptafluorobutyric anhydride (100 μl) at room temperature for 30 minutes. The dried residue was redissolved in ethyl acetate (50 μl) and an aliquot (5 μl) taken for estimation of recovery rate following liquid scintillation photospectrometric counting. A second aliquot was taken for g. l. c. (FID).

Gas/Liquid Chromatography. For estimation of plasma and urinary testosterone heptafluorobutyrate a 5-foot glass column was used containing neopentyl glycol sebacate (1 per cent) on Gas Chrom Q operated at 190° C. The injection heater temperature was 210° C and the detector oven 250° C. Androsterone-3-heptafluorobutyrate was the internal standard.

For urinary androgens a 5-foot glass column containing neopentyl glycol sebacate (3 per cent) on Gas Chrom Q was used with an oven temperature of 190° C. The gas flow rates used were: nitrogen 40 ml per minute, hydrogen 40 ml per minute, air 650 ml per minute. With these conditions eight steroids (5α-diol, 5β-diol, Δ^5-

androstene-3β,17β-diol,Δ^4-androstene-3β,17-diol, androsterone, aetiocholanolone, dehydroepiandrosterone and epiandrosterone) could readily be quantitated using the method of QAZI and HILL (1973).

Incubation Studies With Human Fetal Brain Tissue

Homogenates of brain tissue from fetuses of 6—10 weeks gestation were incubated according to the method of WEISZ and GIBBS (1974) using a selection of radioactively labelled C 19 compounds. Following chloroform extraction of the incubation effluent and solvent partition of the extract, 17β-oestradiol was separated by paper chromatography (benzene : formamide) followed by tlc (chloroform : diethyl ether: 60 : 40). Quantitation of the so formed radioactive 17β-oestradiol was by liquid scintillation photospectrometric counting. Overall recovery rates of radioactive material was in the region of 75 per cent although a loss of 10 per cent was located at the origin of the paper chromatograph.

Rcsults

In Tabs. 1—5 are the results of the plasma and urinary studies in normal boys, patients wiht testicular feminization syndrome, patients with XO/XY mosaicism, female trans-sexualism and those with testicular agenesis respectively.

Table 1. *The Urinary Excretion of Testosterone, 5α-Androstane-3β, 17β-diol, 5β-Androstane-3α, 17β-diol and Epiandrosterone in Five Normal Males*

Patient	Age (yr)	Plasma (ng/100 ml)		Urinary (μg/24 h)		5α-diol (μg/24 h)		5β-diol (μg/24 h)		Epi. (μg/24 h)	
		Basal	Day 3	Basal	Day 3	Basal	Day 3	Basal	Day 3	Basal	Day 3
1	5	94	320	2.1	6.4	53	172	184	193	7	22
2	12	100	1130	1.4	4.2	61	223	144	275	14	12
3	15	483	1345	9.9	19.6	153	59	59	75	24	13
4	15	376	860	5.4	7.5	147	239	215	243	36	40
5	20	350	846	14.2	15.7	73	126	133	168	14	17

From the data in Tab. 1 and from the results of 88 patients reported elsewhere (CHAPMAN 1976) we have been able to find good correlation between the excretion of 5α-diol, 5β-diol and epiandrosterone and clinical somatotype. We therefore consider that a good *androgenic* status is associated with a high excretion of 5α-diol ($\geqq 30$ μg per 24 h), that a good *genital* status is associated with a high excretion of 5β-diol ($\geqq 50$ μg per 24 h) and that a good *somatic* status is associated with a low excretion of epiandrosterone ($\leqq 30$ μg per 24 h). These normal values, in our experience, do not vary in the age range 4—15 years. By a good *androgenic* status we mean a well defined masculine habitus; by good *genital* status we mean normal development of the phallus and scrotum with a normally sited urethra and testes of appropriate volume for age (PRADER 1966), and to good *somatic* status we ascribed normal linear growth, and weight and bone age. It will be observed that the 5 normal males (Tab. 1) conform to these criteria their excretion of the metabolites under question conforming to the pattern above-described.

Table 2. *The Urinary Excretion of Testosterone, 5α-Androstane-3β, 17β-diol, 5β-Androstane-3α, 17β-diol and Epiandrosterone in Four Patients With Testicular Feminization*

Patient	Age (yr)	Plasma T (ng/100 ml)		Urinary T (μg/24 h)		5α-diol (μg/24 h)		5β-diol (μg/24 h)		Epi. (μg/24 h)	
		Basal	Day 3	Basal	Day 3	Basal	Day 3	Basal	Day 3	Basal	Day 3
1	0.4	479	1886	0.22	0.78	12	26	16	59	129	356
2	2.8	501	3446	0.19	0.96	11	56	44	402	78	1163
3	3.3	76	77	1.12	1.27	1	80	109	254	120	124
4	10.1	1079	15219	2.31	6.88	9	17	12	17	2	6

Day 3 = Third day of Human Chorionic Gonadotrophin (I. M. 6000 I. U. daily).

5α-diol Androstane-3β, 17β-diol
5β-diol Androstane-3α, 17β-diol
Epi Epiandrosterone
T Testosterone

In Tab. 2 are the corresponding data for 4 patients with the testicular feminization syndrome. Significantly the plasma and urinary testosterone levels are high increasing following HCG stimulation. By contrast basal levels of 5α-diol (androgenic status) are low and only in patients 2 and 3 do the levels come into the normal range following HCG stimulation. Basal and post-stimulation levels of 5β-diol (genital status) are low in patients 1 and 4 while they are in the normal range before and after stimulation in patients 2 and 3. Only in patient 4 are the levels of epiandrosterone (somatic status) normally low.

Table 3. *The Urinary Excretion of Testosterone, 5α-Androstane-3β, 17β-diol, 5β-Androstane-3α, 17β-diol and Epiandrosterone in Four Patients With XO/XY Syndrome*

Patient	Age (yr)	Plasma T (ng/100 ml)		Urinary T (μg/24 h)		5α-diol (μg/24 h)		5β-diol (μg/24 h)		Epi. (μg/24 h)	
		Basal	Day 3	Basal	Day 3	Basal	Day 3	Basal	Day 3	Basal	Day 3
1	10	479	845	0.31	0.77	38	21	50	127	8	23
2	14.8	225	711	2.10	2.60	29	21	140	131	657	623
3	16	316	812	2.6	3.4	20	25	220	260	680	685
4	5.8	120	360	0.18	0.19	18	24	40	80	6	18

The data in Tab. 3 of 4 patients with XO/XY mosaicism show normal plasma testosterone concentrations with normal basal and post-stimulation urinary testosterone levels. The corresponding 5α-diol values are low, while the 5β-diol levels are in the normal or near normal range. Epiandrosterone excretion is normal in patients 1 and 4 and abnormally high in patients 2 and 3.

Tab. 4 contains only data for plasma testosterone concentration and the basal urinary levels of the compounds in four trans-sexual females. Because of their having ovaries, HCG stimulation was not therefore undertaken. Interestingly all had plasma testosterone levels in the accepted male range. None would confess to taking testosterone orally or intramuscularly at the time of the urine collection although for two of them it was known that a testosterone preparation had earlier been prescribed. In all 4, the 5α-diol excretion was exceedingly high while only in patient 1 was the 5β-diol and the epiandrosterone excretion level abnormal (i. e. abnormal for male subjects).

Table 4. *The Urinary Excretion of Testosterone, 5α-Androstane-3β, 17β;diol, 5β-Androstane-3α, 17β-diol and Epiandrosterone in Four Transexual Females*

Patient	Age (yr)	Plasma T (ng/100 ml)	Urinary T (μg/24 h)	5α-diol (μg/24 h)	5β-diol (μg/24 h)	Epi. (μg/24 h)
1	36	340	2.4	240	76	102
2	28	280	1.9	190	46	13
3	32	520	2.0	280	39	25
4	21	630	3.2	360	28	16

Table 5. *The Urinary Excretion of Testosterone, 5α-Androstane-3β, 17βdiol, 5β-Androstane-3α, 17β-diol and Epiandrosterone in Boys With Testicular Agenesis*

Patient	Age (yr)	Plasma T (ng/100 ml)		Urinary T (μg/24 h)		5α-diol (μg/24 h)		5β-diol (μg/24 h)		Epi. (μg/24 h)	
		Basal	Day 3	Basal	Day 3	Basal	Day 3	Basal	Day 3	Basal	Day 3
1	5.2	24	32	1.24	1.36	1	1	61	99	2	7
2	6.0	92	74	4.00	1.3	2	1	27	71	10	20
3	8.3	30	35	1.41	1.92	50	286	128	260	47	164
4	10.1	37	67	6.09	7.87	36	11	153	274	15	167
5	11.8	70	39	0.22	0.21	16	15	ND	ND	196	202

In Tab. 5 are data concerning 5 boys with testicular agenesis confirmed during surgical procedures for placing the testes in the scrotum. Of note are the low plasma and urinary levels of testosterone which did not improve significantly following HCG stimulation. Patients 1, 2, 4 and 5 have low basal and post-stimulation urinary levels of 5α-diol, while only in patient 5 are the urinary levels of 5β-diol low and unresponsive to HCG. Patient 5 has an abnormally high excretion of epiandrosterone while in patients 3 and 4 a high excretion of epiandrosterone was induced by HCG administration.

Finally in Tab. 6 are data which must be regarded as preliminary. The radioactive C_{19} compounds used in the incubation studies with fetal brain tissue were selected according to their availability. Likewise the sites from which brain tissue was taken were selected to conform to previously reported studies and also because most of the sites selected are of endocrine importance. While noting that 17β-oestradiol is formed from androstenedione and

Table 6. *Elaboration of 17β-Oestradiol From Fetal Brain Tissue 17β-Oestradiol (pmol/g Tissue)*

	Androstenedione ^{14}C	Testosterone ^{14}C	DHA ^{14}C	Epitestosterone ^{3}H	Androsterone ^{3}H	Dihydrotestosterone ^{14}C	5α-ASD ^{3}H
	5 nmol/0.25 g tissue						
Frontal lobe	0	0	0	<1	0	<1	2
Ant. Pituitary	0	0	0	<1	0	1	12
Post Pituitary	0	0	0	<1	0	1	7
Stalk	0	4	<1	<1	0	4	9
Ant. Hypothal.	16	39	4	1	<1	10	21
Post Hypothal	30	81	2	2	2	19	42
III V.+Hypothal. ..	60	92	2	2	2	56	64

testosterone by hypothalamic tissue, there is also conversion of dihydrotestosterone and 15α-diol to oestrogen by all brain tissues used. The significance of this finding must clearly remain subjudice since this would appear to represent synthesis from compounds recognised at least in the periphery, as metabolites of testosterone.

Discussion

Urinary 17-oxosteroid levels are no longer regarded as a useful index of testicular function. Only 24 per cent of testicular testosterone contributes to the urinary 17-oxosteroid levels (Hall *et al.* 1974). More important is the fact that as testosterone exerts its maximal biological effects in the hitherto recognised androgen-dependent tissues, the principal metabolites are dihydrotestosterone, 5α-androstane-3α,17β-diol (5α-diol) and 5α-androstane-3β-17β-diol (3β-diol) (Baulieu *et al* 1968). However, dihydrotestosterone is further metabolized to 5α-diol (Mauvais-Jarvis *et al.* 1968) by the action of 5α-reductase in androgen-dependent tissues which thus makes its presence in the urine of clinical interest. Further, part of the urinary 5α-diol originates also from hepatic degradation of testosterone and dihydrotestosterone (Mauvais-Jarvis *et al.* 1970), so that the urinary levels of 5α-diol must be compared to the levels of urinary testosterone glucuronoside since that conjugate is formed only in the liver (HORTON and TAIT 1966). Thus the difference between the urinary 5α-diol and testosterone glucuronoside reflects target organ metabolism of testosterone and this difference is an index of androgenicity (MAUVAIS-JARVIS *et al.*, 1973).

In our experience over a wide paediatric prepubertal to pubertal age range daily urinary excretion values of 5α-diol are uniformly greater than 30 μg per 24 hours (CHAPMAN 1976). KUTTEN and MAUVAIS-JARVIS (1975) have reported normal levels from 6—26 μg per 24 hours in 4 pre-pubertal boys and levels of 93—138 μg per 24 hours in 3 post-pubertal boys. DOBERNE and NEW (1976) report lower levels than either group.

ROBEL *et al.* (1966 a and b) have demonstrated that the principal metabolite of testosterone glucuronoside is 5β-diol, there being only a very minimal contribution to the urinary levels from the metabolism of free testosterone. BERTHOU *et al.* (1971) noted that the daily urinary levels of 5β-diol normally exceed those of 5α-diol and therefore it seemed to us likely that the daily urinary output of this former compound would have clinical significance. From a study of some 88 males within the paediatric age range, we (CHAPMAN 1976) have noted that normal development of the external genitalia is associated with a urinary excretion of 5β-diol in excess of 50 μg per 24 h. Conversely, when the external genitalia were hypoplastic the excretion of 5β-diol was less than 50 μg per 24 h. The external genitalia are androgen-dependent tissues and therefore their under-development could be related to a relative lack of 5α-reductase. Were this so then it might have been expected that the excretion of 5α-diol and not 5β-diol would be reduced. However low levels of circulating testosterone would naturally be reflected in low excretion rates of both 5α- and 5β-diol, and with low circulating levels of testosterone it is likely that the hepatic formation of testosterone glucuronoside will reduce further the levels of free testosterone available for metabolic activity at cellular level. Thus low excretion values of 5β-diol may ultimately be related more to quantitative changes in circulating free testosterone, the hypoplastic genitalia therefore being secondary to a low plasma testosterone (CHAPMAN 1976).

In our study we observed in patients with primary testicular failure and poor testosterone production a high excretion of epiandrosterone. We have rationalized this finding by assuming that in the absence of adequate testosterone as a general anabolic substance, the body may utilize another available anabolic compound namely dehydroepiandrosterone (DHA). The excretion of DHA and epiandrosterone in our patients correlate well (CHAPMAN 1976). Thus a low excretion rate of epiandrosterone indicates that testosterone is being used generally as the anabolic substance while high excretion values indicate that DHA is being preferentially metabolized rather than synthesized to testosterone. Low excretion values of epiandrosterone ($<$30 μg per day) in our experience are associated with attainment of normal stature while high values are found in patients with short stature and poor muscular development. Finally the excretion of urinary testosterone we have taken to reflect circulating plasma testosterone levels and further data on this are available (CHAPMAN 1976). Our normal values for urinary testosterone are

2—10 μg per 24 h, within the paediatric age range (4—15 years). Thus in a sense by studying the urinary excretion of these above mentioned compounds we are able to confer a biochemical quality on somatotype.

It will be observed from Tab. 1 that normal boys conform to our normal criteria with high excretion rates for 5α- and 5β-diol, low levels of urinary epiandrosterone and urinary and plasma testosterone levels in the normal range.

By contrast 4 patients with the testicular feminization syndrome (Tab. 2) show high plasma and urinary testosterone levels before and following HCG stimulation. Basal levels of 5α-diol are low in all 4 and in Cases 2 and 3 post-stimulation levels are normal. We assume that at the time of puberty, endogenous LH will have a similar effect. In Cases 2 and 3, 5β-diol levels are normal while in Case 1 the level becomes normal on stimulation, and only in Case 4 is the excretion of 5β-diol consistently low. It is in Case 4 alone that epiandrosterone excretion is normally low; in the others the excretion is abnormal, being high. Clinically Case 4 is an example of the complete form of the syndrome. Cases 2 and 3 are already showing mild clitoral enlargement while masculinization with age is predicted for Case 1. We therefore are of the opinion that the urinary data reflect the patient's clinical types according to our interpretation of the significance of these urinary metabolites.

A rational explanation for the feminine gender identity experienced by patients with the testicular feminization syndrome (TFS) has not been forthcoming. Evidence offered by NAFTALIN *et al.* (1971) suggests that the conversion of androgen (testosterone to oestrogen (17β-oestradiol and oestrone) by normal cerebral tissue is likely to play a part in gender identity and if this is so, either the aromatizing mechanism in the TFS is defective or the gender identifying cells of the brain are insensitive to the action of oestrogens as the androgen-dependent somatic cells are insensitive to testosterone. We are however of the opinion that cerebral circulating levels of 5α-diol are also important in gender identity and this thesis will be developed.

The 4 patients with XO/XY mosaicism (Tab. 3) all display evidence of competent testicular function in that all have high levels of plasma and urinary testosterone. Their androgenic status is uniformly poor (low 5α-diol excretion) with no improvement following HCG stimulation. Clinically all have a female habitus and female psychosexual identity. Cases 1 and 4 have unfused labia and enlargement of the clitoris while Cases 2 and 3 have fused labia with marked clitoral enlargement to resemble a penis. Note that all have a good genital status as indicated by a high urinary excretion of 5β-diol. Cases 1 and 4 are on the 50th centile for height while Cases 2 and 3 are 144 cm (< 3rd centile). These clinical features are in keeping with our interpretation of their somatic status.

The aetiology of trans-sexualism is still unknown. Clearly the lesion must be in relation to the disordered thought process whether in responsiveness of "sexual-thought producing cells" to stimuli or in the nature of these as yet unidentified stimuli. The data which we present in Tab. 4 concerning four trans-sexual females show levels of plasma and urinary testosterone in the pubertal male range, an excretion of 5α-diol consistent with a good androgen status and on average a low excretion of 5β-diol indicating a poor genital status. Case 1 is of short stature (3rd centile) while Cases 2, 3 and 4 are of normal height. These clinical dáta coincide with their biochemical somatic status i. e. their daily urinary excretion of epiandrosterone. The question posed by our findings is whether or not there is a basic alteration in hormone metabolism in such patients. Is there a reduced conversion of testosterone to oestrogenes (for all 4 patients have oligomenorrhoea), accompanied by a preferential metabolism of testosterone to 5α-diol and could such increased circulating 5α-diol alter gender identity?

In Tab. 5 are corresponding values for the excretion of the compounds under consideration for five males confirmed at laparotomy of having testicular agenesis. All have low plasma and unresponsive urinary testosterone levels; one has an inadequate excretion of 5α-diol, one has an inadequate excretion of 5β-diol while two have unacceptably high levels of epiandrosterone. No clear pattern of excretion emerges but neither were the patients of a common phenotype. It is likely that the group consisted of both primary and secondary types of testicular failure and hence the lack of a uniform excretion pattern. Nonetheless all the patients were seemingly normally orientated in their gender identity.

The link between the foregoing and the data in Tab. 6 is the now well recognized behaviour of androgens within certain areas of the brain. NAFTOLIN *et al.* (1971 a) have demonstrated in the limbic system tissues of human fetuses a capacity to aromatize androstenedione to 17β-oestradiol and oestrone. The same authors (NAFTOLIN *et al.* 1971 b) showed that human fetal median eminence and hypothalamus acted similarly. Interestingly at least in the rat brain androstenedione and testosterone are converted to oestrogens equally despite the fact that androstenedione is a weaker androgen than testosterone in secondary sexual development (NAFTALIN *et al.* 1972). Further, brain tissue from males have a greater capacity for aromatization than female brain tissue but if the female brain tissue is preconditioned with testosterone, the activity is raised to that of males. Thus it is now generally accepted that aromatization of androgens at cerebral level is involved in the differentiation, initiation and maintenance of sexual behaviour, control of gonadotrophin secretion and perhaps also of "peripheral conversion" of circulating androgens to oestrogens (NAFTOLIN *et al.* 1972). In the light of this it is of interest that the only testosterone effect obtainable in the true testicular feminization syndrome is suppression of the characteristic high LH and FSH levels. Thus it might be argued that in these patients the mechanism for the cerebral conversion of androgens to oestrogens is intact, although clearly the suppression is only induced by markedly increased circulating levels of testosterone. That the gender identity in these patients remains female indicates that mechanisms other than the conversion of androgens to oestrogens are likely to be operative.

SHOLITON *et al.* (1970) have shown that from incubations of rat and bovine brain tissue with [4-^{14}C] testosterone, dihydrotestosterone and 5α-diol could be isolated. This finding has been supported by MASSA *et al.* (1974) who review well the literature on the subject.

A further observation of brain behaviour, almost certainly related to cerebral hormone levels, concerns the tanycytes. These are cells of the ependyma with long processes which make synaptic contact with blood vessels. The processes of the tanycytes in the ependyma of the anterior hypothalamus, the area involved in the regulation of gonadotrophins, make contact also with cells of the pars tuberalis (adenohypophysis). It is known (KUMAR 1968) that the tanycyte ependyma consists of two layers of cells which in the adult male are separated by a space containing microvilli. Neither space nor villi occur in the female nor the immature male. Further, the ependymal layer of the third ventricle sends bulbous processes into the ventricle and only in the female does the size of these processes vary cyclically, their being longest at mid-cycle but regressing at menstruation. Clearly such cyclic variations must be related to cyclic fluctuations in cerebral oestrogen levels. Peripheral oestrogens pass to the cerebral circulation unchanged.

It is clear therefore that the peripheral levels of androgens, oestrogens and their metabolites combine with cerebral steroid transformation, metabolism and possibly also synthesis to establish gender identity and the rhythmicity of established sexual processes. The fine nature of these cerebral mechanisms has not yet been specifically related to particular cells but clearly abnormalities in structure and function of these cells could result in abnormalities of gender identity.

Our results shown in Tab. 6 with reference to steroid transformation are in agreement with published work. Additionally our data would indicate that there may be a resynthesis of reduced and partly reduced androgen compounds. We think it significant that dihydrotestosterone and 5α-diol were active in all brain tissues used and therefore suggest that these compounds, both peripheral metabolites of testosterone, are primers of cerebral responsiveness to testosterone and stimulators of the mechanism which aromatizes androgens to oestrogens.

Exploration of the role of peripheral hormones as stimulators of both gender identity and gender function has dictated the need for a new approach to therapy for gender abnormalities in psyche and soma. Because it may be easier surgically to feminize ambiguous genitalia is no reason for doing so if the individual in gender identity is male. Neither can we now deny the trans-sexual patient the privilege of being in soma what he/she is in psyche. The genetic, legal and social implications of this philosophy have been analysed (HAMILTON and WALKER 1975) but every worker in the field must determine his own therapeusis according to his interpretation of available data.

Acknowledgements

Professor J. H. HUTCHISON's constant example and encouragement has been a great stimulus to our completion of this work. Parts of the equipment used in the analytical procedures were purchased with monies received from the Rankin Fund of the University of Glasgow and from the Scottish Home and Health Department.

References

BAULIEU, E.-E., LASNITZKI, I., ROBEL, P.: Metabolism of Testosterone and Action of Metabolites on Prostate Glands Grown in Organ Culture. Nature **219,** 1155 (1968).

BERTHOU, F. L., BARDOU, L. G., FLOCK, H. H.: Measurement of 5α-Androstan-3α,17β-Diol and 5β-Androstan-3α,17β-Diol in the Urine of Healthy Men and Women. J. Steroid Biochem. **2,** 141 (1971).

CHAPMAN, P. H.: The Urinary Metabolites of Testosterone: An Index of Testicular Function in Children. Thesis Submitted to Glasgow University for the Degree of Ph. D. November, 1976.

DOBERNE, Y., NEW, M. I.: Urinary Androstanediol and Testosterone in Adults. J. Clin. Endocrinol. Metab. **42,** 152 (1976).

HALL, R., ANDERSON, J., SMART, G. A., BESSER, M.: In Fundamentals of Clinical Endocrinology (eds. R. HALL, J. ANDERSON, G. A. STUART, M. BESSER), p. 145. London: Pitman Medical 1974.

HAMILTON, W., WALKER, D. M.: Quaesto quid Juris? Medicine, Science and the Law **15,** 2 (1975).

HORTON, R., TAIT, J. F.: Androstenedione Production and Interconversion Rates Measured in Peripheral Blood and Studies on the Possible Site of its Conversion to Testosterone. J. Clin. Invest. **45,** 301 (1966).

JUDD, H. L., HAMILTON, C. R., BARLOW, J. J., YEN, S. S. C., KLIMAN, B.: Androgen and Gonadotrophin Dynamics in Testicular Feminization Syndrome. J. Clin. Endocrinol. Metab. **34,** 299 (1972).

KEENAN, B. S., MEYER III, W. J., HADJIAM, A. J., JONES, H. W., MIGEON, C. J.: Syndrome of Androgen Insensitivity in Man Absent of 5-Alpha-dihydrotestosterone Binding Protein in Skin Fibroblasts. J. Clin. Endocrinol. Metab. **38,** 1143 (1974).

KUMAR, T. C. A.: Sexual Differences in the Ependyma Lining the Third Ventricle in the Area of the Anterior Hypothalamus of Adult Rhesus Monkeys. Z. Zellforsch. **90,** 28 (1968).

KUTTENN, F., MAUVAIS-JARVIS, P.: Testosterone 5α-Reduction in Skin of Normal Subjects and of Patients With Abnormal Sex Development. Acta Endocr. (Kbh.) **79,** 164 (1975).

MASSA, R., MARTINI, L.: Testosterone Metabolism: A Necessary Step for Activity? J. Steroid Biochem. **5,** 941 (1974).

MAUVAIS-JARVIS, P., FLOCK, H. H., JUNG, I., ROBEL, P., BAULIEU, E.-E.: Studies on Testosterone Metabolism. VI. Precursors of Urinary Androstanediols. Steroids **11,** 207 (1968).

MAUVAIS-JARVIS, P., BERCOVICI, J. P., CREPY, C., GAUTHIER, F.: Studies on Testosterone Metabolism in Subjects With Testicular Feminization Syndrome. J. Clin. Invest. **49,** 31 (1970).

MAUVAIS-JARVIS, P., CHARRANSOL, G., BOBAS-MASSON, F.: Simultaneous Determination of Urinary Androstanediol and Testosterone as an Evaluation of Human Androgenicity. J. Clin. Endocrinol. Metab. **36,** 452 (1973).

MORRIS, J. M.: The Syndrome of Testicular Feminization in Male Pseudohermaphrodites. Am. J. Obstet. Gynec. **65,** 1192 (1953).

NAFTOLIN, F., RYAN, K. J., Petro, Z.: Aromatization of Androstenedione by the Diencephalon. J. Clin. Endocr. **33,** 368 (1971).

NAFTOLIN, F., RYAN, K. J., PETRO, Z.: Aromatization of Androstenedione by the Anterior Hypothalamus of Adult Male and Female Rats. Endocrinology **90,** **295** (1972).

NAFTOLIN, F., RYAN, K. J., PETRO, Z.: Aromatization of Androstenedione by Limbic Tissue From Human Foetuses. J. Endocr. **51**, 795 (1976).

PRADER, A.: Testicular Size: Assessment and Clinical Importance. Triangle 7, 240 (1966).

QAZI, Q. H., HILL, J. G.: A Modified Method for the Estimation of Pregnanediol, Pregnanetriol and 7 Common 17-Ketosteroids in Urine by Gas Liquid. Steroids **22**, 311 (1973).

ROBEL, P., EMILIOZZI, R., BAULIEU, E.-E.: Studies on Testosterone Metabolism. III. The Selective '5β-Metabolism of Testosterone Glucuronide'. J. biol. Chem. **241**, 20 (1966a).

ROBEL, P., EMILIOZZI, R., BAULIEU, E.-E.: Studies on Testosterone Metabolism. V. Testosterone-^{3}H, 17-Glucuronide-^{14}C to 5β-Androstane-3α,17β-Diol-^{3}H,17-Glucuronide-^{14}C, the "direct" 5β-Metabolism of Testosterone Glucuronide. J. Biol. Chem. **241**, 5879 (1966b).

SHOLITON, L. J., HALL, I. L., WERK, E. E.: The Iso-polar Metabolites Produced by Incubation of [4-^{14}C] Testosterone With Rat and Bovine Brain. Acta Endocr. (Kbh.) **63**, 512 (1970).

WEISZ, J., GIBBS, C.: Conversion of Testosterone and Androstenedione to Estrogens in Vitro by the Brain of Female Rats. Endocrinology **94**, 616 (1974).

Authors' address: Dr. WILLIAM HAMILTON, Senior Lecturer, Royal Hospital, Yorkhill, Glasgow C 4, U.K.

Pädiatrie und Pädologie, Suppl. 5, 83—102 (1977)

Hypothalamic Control of the Mammalian Sexual Maturation

By

D. Gupta

Department of Diagnostic Endocrinology, University of Tübingen,
Federal Republic of Germany

With 17 Figures

Summary

The attainment of sexual maturity is a complex process which requires maturation and interaction not only of gonads and reproductive tract but also of the pituitary and essentially of the neuroendocrine mechanisms which ultimately control gonadotropin secretion. One of the more attractive hypotheses of the sexual maturation presumes the existence of the sensitivity threshold of the regulating system to the negative feedback signal, which differentiates immaturity from maturity. As the subject matures this declines. In an attempt to examine further the maturational alterations of the male hypothalamo-pituitary-gonadal axis, investigations were carried out with regard to simultaneous changes of blood LH, FSH, testosterone and dihydrotestosterone levels during the course of 24 hr; augmentation of pituitary and blood LH and FSH concentrations under the stimulus of LH-RH as a function of time and age; synthesis and release of LH and FSH in the testosterone-blocked animals at various stages of sexual maturation; and *in vitro* biotransformation of testosterone to its 5α-reduced metabolites by the pituitaries as a function of age. Evidence from the experimental data could be interpreted as a decrement of the feedback set-points during sexual maturatio as reflected by the transition of the responses obtained under various experimental signals. In parallel to these observations, new evidence was presented regarding not only quantitative but qualitative changes in the pituitary gonadotropins as response to the negative and positive feedback signals. This leads to new thinking with regard to the hypothesis of differential sensitivity.

Introduction

The morphologic events which take place during puberty are neither subtle nor elusive. This happened to every individual at an age characteristic of a particular species. Yet a definitive explanation of the various events taking place at this time escapes us and what initiates puberty still remains a biological mystery. The difficulties in understanding the underlying processes arise from the fact that reproductive maturity does not have a single determinant, but a multiple of determinants, each influencing the other in a complex way. The problem is therefore to understand how many different events taking place at various levels, sequentially or simultaneously, interact the temporal fashion to produce the fully sexually mature member of a species.

Fig. 1 depicts a schematic and therefore essentially naive relationship within the hypothalamic-pituitary-gonadal axis with the negative inhibiting effect of the sex steroids on the gonadotropins. The dominant change that triggers puberty is presumed to be happening in the hypothalamus. But this does not infer that the hypothalamus is master of itself and functions in a physiological vacuum.

The hypothalamus is singled out to define a hypothetical crucial period in sexual maturation, the time before the onset of reproductive maturity. At

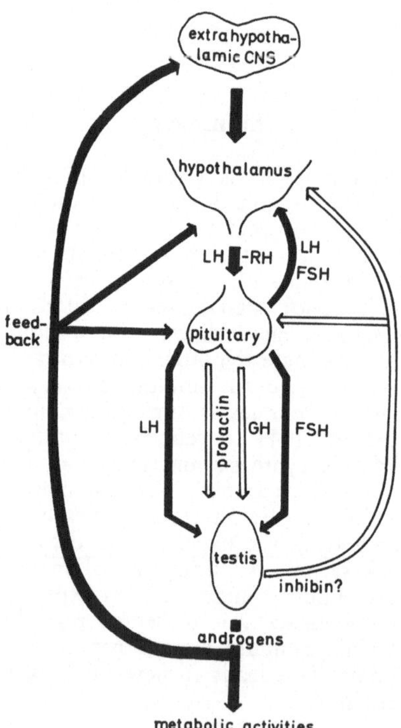

Fig. 1. A schematic representation of the hypothalamic-pituitary-gonadal axis

that time the powerhouses of the steroid hormones, i. e. the testes and ovaries, are all competent and ready to their respective tropic hormones, but none is released in sufficient quantity to trigger puberty until some event occurs in the hypothalamus-pituitary system.

Current Concept

A key concept in current thinking is one that we call the hypothesis of differential sensitivity. According to this hypothesis the major event that precipitates puberty is an increase in the threshold (or set point) of the inhibitory feedback receptors which respond to changes in circulating steroid levels by inducing reciprocal changes in gonadotropin output. This hypothesis has the virtue of explaining a variety of phenomena without resorting to unattractive concepts like the reversal of hypothalamic function from inhibitory to facilatory at puberty. Moreover, that changes in the sensitivity of the hypothalamic-pituitary axis may be a critical one in reproductive events is indicated by various experiments, including several in our laboratory. Of many aspects we have selected only two of the control mechanisms which are related to the onset of puberty.

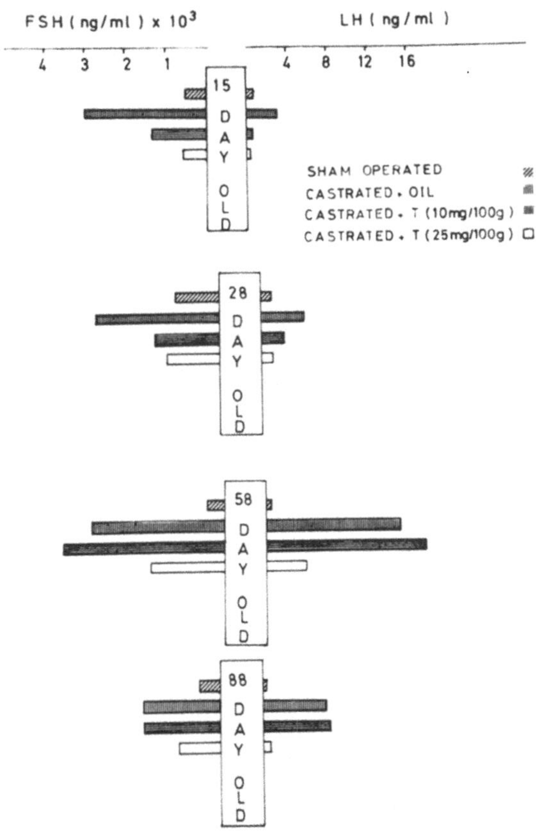

Fig. 2. The magnitude of the gonadotropin response after castration and followed by testosterone treatment at different stages of sexual maturation in the male rat

1. The presence of a negative feedback control of the secretion of gonadotropins before puberty which exhibits a change in sensitivity (or set point) with the onset of puberty.
2. The change in pituitary sensitivity to LH-RH at puberty and the qualitative change in the LH-response.

From experimental evidence, including the data from our laboratory, it seems that puberty really does not represent the sudden activation of the previously dormant system but an increasing function of a system that has been continuously active from the very early state of development.

Experimental Evidence

The following figures throw some light on the question of increment in the threshold of the inhibitory feedback mechanism as the subject matures.

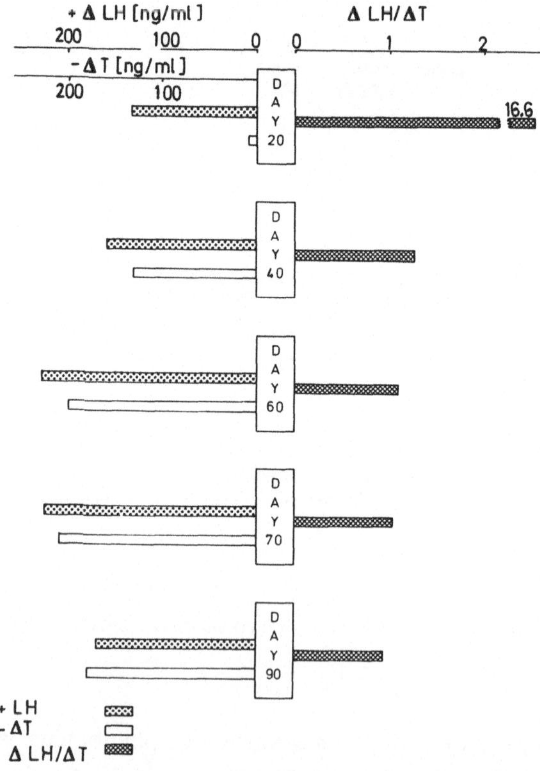

Fig. 3. Levels of sensitivity in the hypothalamic-pituitary axis for LH at different stages of sexual maturation in the male rat

These experiments were carried out in male laboratory rats. This stress on the male animal, however does not signify any bias against the females as such. It was taken only because less information is available in the male animals.

Fig. 2 demonstrates the magnitude of the gonadotropin response after castration at various ages of rat. The minimum increase occurred with 15-day-old rats and the maximum occurred at 58 days of age when sperma-

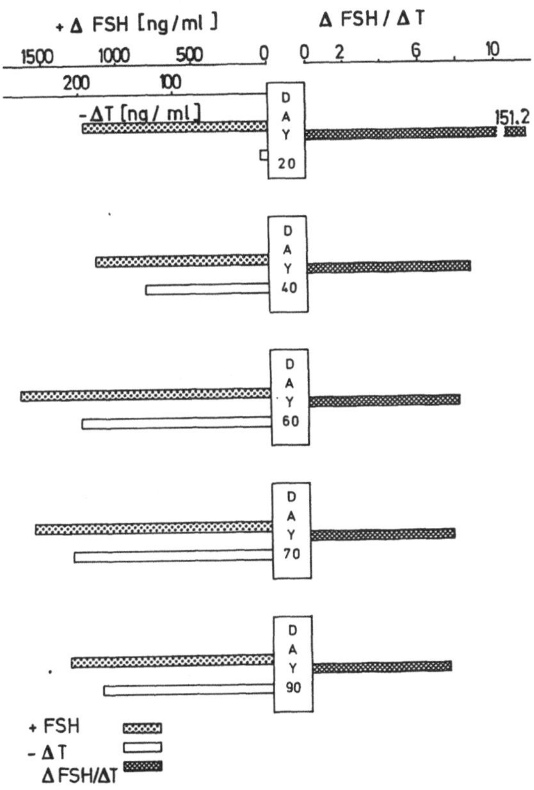

Fig. 4. Levels of sensitivity in the hypothalamic-pituitary axis for FSH at different stages of sexual maturation in the male rat

togenesis takes place. At 15 days of age, the LH level declined to the initial level when testosterone was applied 10 μg/100 g body wt. The FSH level also fell but came down to the initial value only with a higher dose of testosterone. At 28 days testosterone at the level of 10 μg/100 g body wt was not successful to reduce both LH and FSH values to those of the initial stage. Testosterone, when given 25 μg/100 g suppressed the levels of both gonadotropins further nearly to the level of the initial stage. At age 58 days the 10 μg dose was no longer successful in reducing the gonadotropin levels, indicating that the sensitivity has considerably changed with sexual maturation of the subjects.

Fig. 3 demonstrates the different levels of sensitivity in the hypothalamic-pituitary axis during pre-pubertal, late pubertal and adult stages in the male rats when the endogenous source of sex steroids is removed. The left side of the figure demonstrates the positive change in the plasma levels of LH (+ΔLH) and negative change in testosterone level (−ΔT). The right hand side of the figure shows the amount of increment in plasma LH when related to the decrement of 1 ng of testosterone per 100 ml (ΔLH/ΔT). At the age of 20 days this value is 16.6 ng/ml, but with the onset of puberty it decreases to 1.23 ng/ml and remained fairly constant (0.95—1.10 ng/ml) throughout later stages of development.

Fig. 4 illustrates the similar changes in the FSH profile with maturation due to total gonadectomy. At age 20, the increment in plasma FSH con-

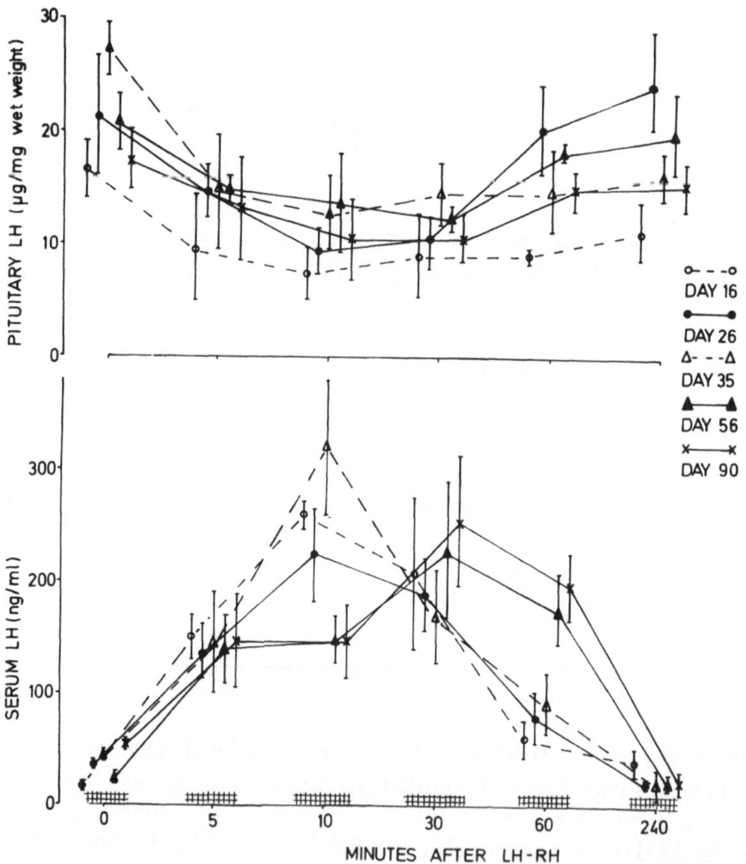

Fig. 5. LH concentrations due to the administration of synthetic LH-RH at different stages of sexual maturation in the male rat: (above) pituitary; (below) serum

centration (i.e. +ΔFSH) due to fall of 1 ng/100 ml) testosterone (−ΔT), is 151.2 ng/ml. In the pubertal and postpubertal animals this increment in FSH per 1 ng/100 ml decrement in T was much lower, remaining between 7.40 and 8.71 ng/ml.

Synthesis and Release of Gonadotropins

Therefore in the next step we examined the influence of LH-RH on the pituitary release of gonadotrophins and the age-dependence of the hypothalamic-pituitary-gonadal axis. There is not much information regarding the

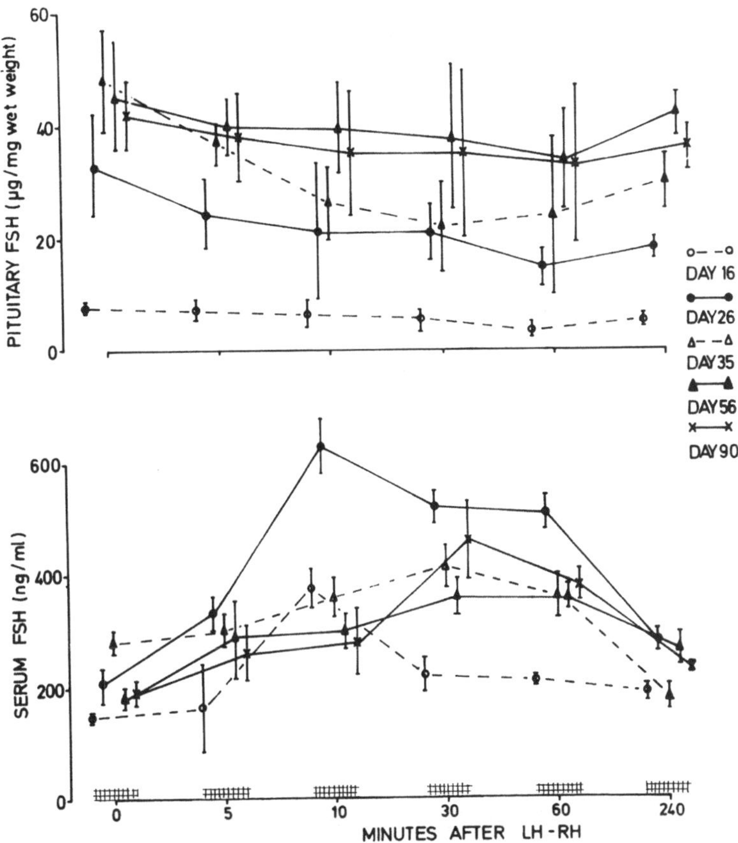

Fig. 6. FSH concentration due to the administration of synthetic LH-RH at different stages of sexual maturation in the male rat: (above) pituitary; (below) serum

age-releated influence of LH-RH nor on the pituitary content of the gonadotrophins under LH-RH in developing male rats. Measuring only serum concentration of a gonadotrophin provides only a limited information in that such measurement reflects merely the release of the hormone. For the synthesis and release of the hormone under LH-RH, pituitary content as well as the blood level need to be examined.

Fig. 5 demonstrates that serum LH levels shown in the bottom part of the figures in all age groups record about a 3-fold response within the first 5 min to the releasing hormone which was statistically significant. There was, however, a qualitative difference in the time course required to reach the maximal response. The prepubertal and pubertal animals respond to the releasing hormone maximally after 10 min, while the older animals reach the peak level 30 min after administration. The decline in serum LH level after injection in the older groups is sluggish and after 60 min it is still high.

The releasing hormone results in a depletion of pituitary LH concentration in all age groups within 5 min shown in the upper part of the picture. The 33-day old group demonstrates highest initial concentration of pituitary LH and had relatively the maximal depletion which was significally different from other groups.

Fig. 6 demonstrates that the administration of LH-RH induces a significant increase in serum FSH levels in all age groups, but the magnitude of the response and time courese varied among different groups. The maximal response was observed in the 16-day and 25-day old groups 10 min after LH-RH-administration. The peak concentrations of serum FSH in the pubertal and mature animals however reach at a later stage of 30 min. Between

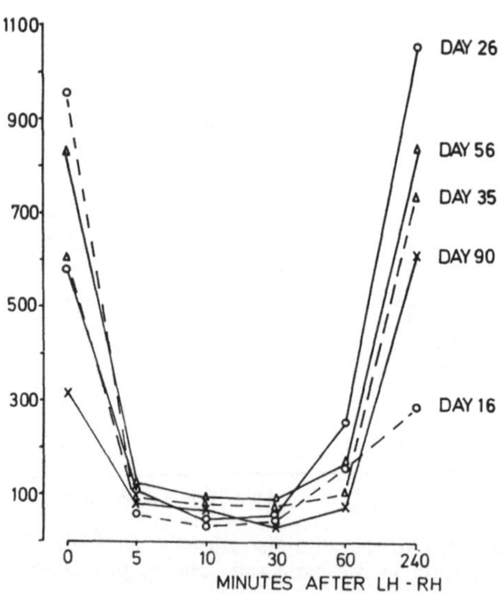

Fig. 7. Changes in the profile of pituitary LH/serum LH ratio due to LH-RH administration in the male rat

the two immature groups of 16-day and 26-day old animals there is a considerable difference in the pattern of response. In the younger group no significant response is observed after 5 min of LH-RH administration and within 30 min the peak level declines to the initial level.

The pituitary concentration of FSH in the 16-day old group is no significantly depleted, whilst the 26-day old group shows significant progressive depletion reaching the lowest level at 30 min after the injection of releasing hormone. The depletion of pituitary FSH concentration in the older groups is sluggish and its difference does not reach statistical significance at various time-points.

Fig. 7 shows the ratio between mean pituitary LH to mean serum LH before and after LH-RH administration. This shows a striking similarity between various age groups although the most mature group shows a dif-

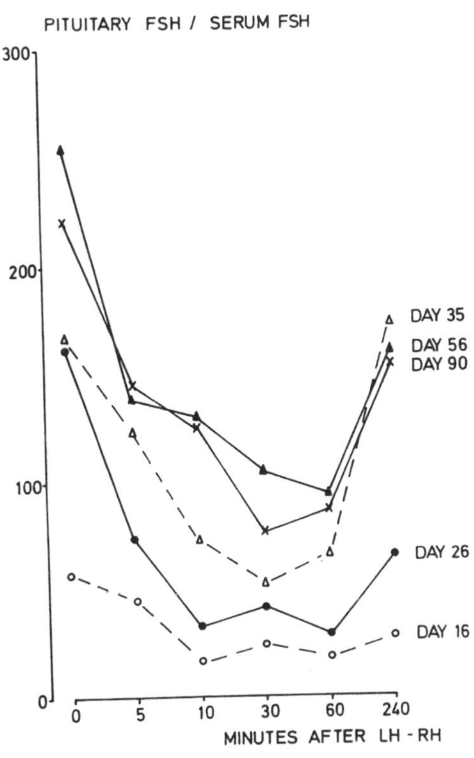

Fig. 8. Changes in the profile of pituitary FSH/serum ESH ratio due to LH-RH administration in the male rat

ferent profile, having a ratio about 300 which is significantly lower than that seen in the other age groups. From 60 min onwards the ratios start increasing and by 240 min initial values are reached. The 16-day old group, which had the highest initial value does not record a return to the same level even after 240 min.

Fig. 8 shows the ratio between mean pituitary FSH to mean serum FSH which does not have any comparable trend with the LH ratio. In contrast, the FSH ratio shows that the youngest group has the lowest relative value, which is significantly different from that of all the other groups. Within 5 min of LH-RH administration is a significant decline in the ratio of all age groups. The time course to reach the lowest point, however, is different between the immature and mature groups. The restoration to the initial level after 240 min is also different in various age groups, the two immature groups being the slowest and 35-day old group having a faster rebound.

The almost steady level seen in the gonadotropin ratios between 5 and 60 min may be caused by increased simultaneous synthesis and release of the pituitary gonadotropin reserves. Alternatively one could argue that this lack of difference in the ratio between various time-points after LH-RH could be due to possible masking effects because of only a fragmentary release of the large gonadotropin reserve from pituitary and high serum levels.

One of the striking findings in this study is the large increase in serum gonadotropin accompanied by pronounced depletion of pituitary gonadotropins in the prepubertal animals, within a very short time after LH-RH-injection. Thus the present indication is that differences in neural functions and sensitivity set-points between immature and mature animals are responsible for the quantitative difference in the synthesis and release of the gonadotropins. These observations indicate, but do not prove, that with sexual maturation the threshold of sensitivity changes.

Circadian Rhythm in the Hormone Concentrations

During these studies and other manipulative investigations we noticed a considerable variation in plasma hormone levels in the control animals when samples were taken at different time period of the day in the same age groups of animals. This observations together with the reports of episodic bursts of LH and T secretion in ram (KATANGOLE *et al.* 1974) and fluctuations in plasma T levels in male rats (BARTKE *et al.* 1973) prompted us to look into the 24-hour profile of plasma LH, FSH and T and DHT in the same plasma samples and if there is any effect of age on the daily profile.

Fig. 9 shows the plasma LH, FSH, T and DHT values in 16, 26, 33, 56 and 90-day old male rats throughout the day when examined every 2 hrs. The left side scale gives the measures of T and DHT and the right side one give that for plasma FSH and LH.

In the 16-day old animal at 6 in the morning there is a peak for all the hormones except DHT. They do not show fluctuation in the blood level except there is a prominent rise in FSH in the evening and at 22 hrs T also seems to rise. In the 26-day old animals except FSH the other hormones do not seem to fluctuate a great deal. For FSH, the characteristic evening surge is again seen, but no prominent 2 p. m. peak is noticed which is present in older animals. However, in the pubertal animals i. e. the 33-day old group, examinations of the patterns of LH discharge shows that there are more peaks in this group than in the younger groups. In the mature 90-day old group the discharge of other hormones is also explicit. However, the high FSH discharge in the evening is observed in all age groups, whether prepubertal, pubertal or adult, except the magnitude of it is higher in the 26-day, 33-day and 56-day old animals than seen in the immature and mature groups.

Fig. 10 shows the same results arranged on the basis of single hormones and calculated on the percent basis taking maximum concentration as 100.

There exist comparatively large differences in the percent concentration between plasma samples collected at 2-hour intervals. The percentage change

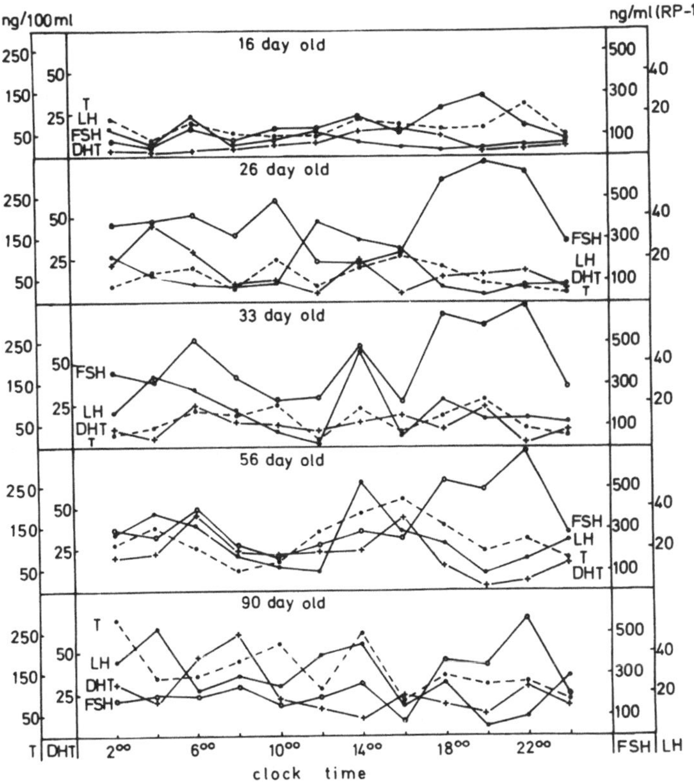

Fig. 9. Two-hourly fluctuation in the serum concentrations of LH, FSH, testosterone and DHT in the male rat at different stages of sexual maturation

in concentration is large and could be as much as 90 % from one time-point to the next time-point in one hormone level in a particular age group.

Although no consistent pattern of changes in plasma T and LH was observed by other investigators, we found that at certain time-points the hormone concentrations correlated with each other quite well. For example, the 2 p.m. examination reveals peaks, though minor in FSH, in all the hormones in nearly all age groups. FSH itself shows an altogether different pattern from the other hormones, having much less fluctuation from midnight till 4 p.m. after which the evening surge occurs in all age groups. For DHT, the 16-day old age groups has a single peak and by 33 day the peaks are increased to 3 in number. The mature group again shows a single major peak.

The profile of LH is in sharp contrast to that of FSH especially in the pattern of evening discharge. The immature group showed the maximum at 6 in the morning which in the 26-day old group shifted to mid-day and in the older animals shifted further to 1400 hours.

It becomes apparent that the male rat, like ram (KATONGOLE *et al.* 1974), bull (KATONGOLE *et al.* 1971) and man (NAFTOLIN *et al.* 1972) secretes the pituitary gonadotropins and androgens episodically throughout the 24 hours. Here, the testosterone peaks often seem to be related to surges of LH, which was also observed in the bull and ram. The results presented here

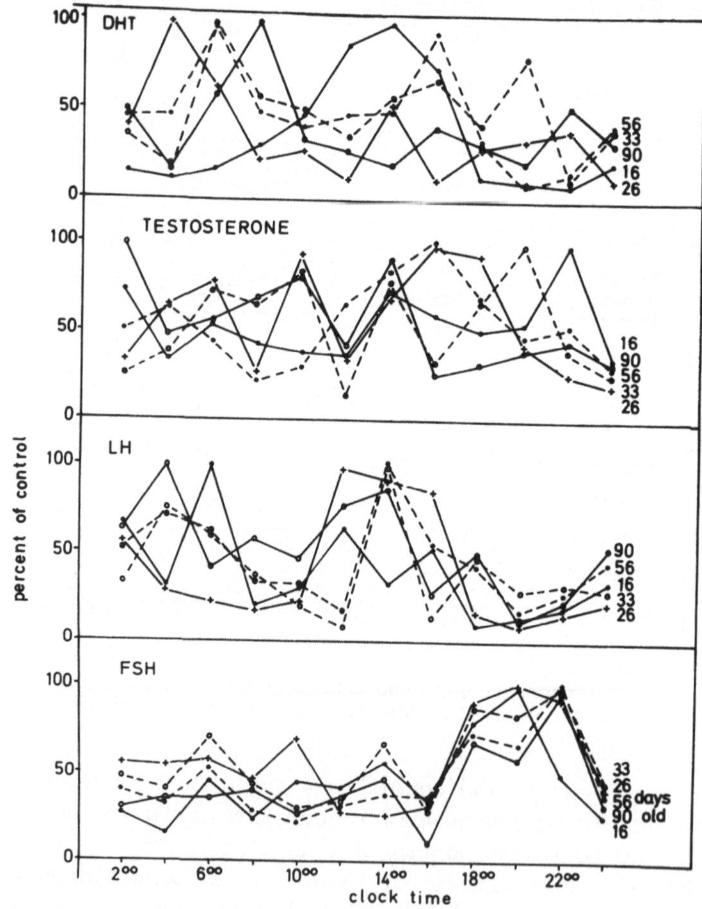

Fig. 10. The data of Fig. 9 plotted as the percentage of maximum

suggest that it could be the frequency as well as the amplitude of hormone discharge that alters during sexual maturation.

However, the meaning of the large fluctuations in basic levels of hormone is not clear but should provide some kind of warning regarding the so-called "control" values.

Gonadotropins in the Androgen-Blocked Animals

These observations led us to examine the hypothalamic-pituitary-gonadal axis from a different angle. It is possible that the high sensitivity of the pituitary gland to the hypothalamic hormone is associated with the fast

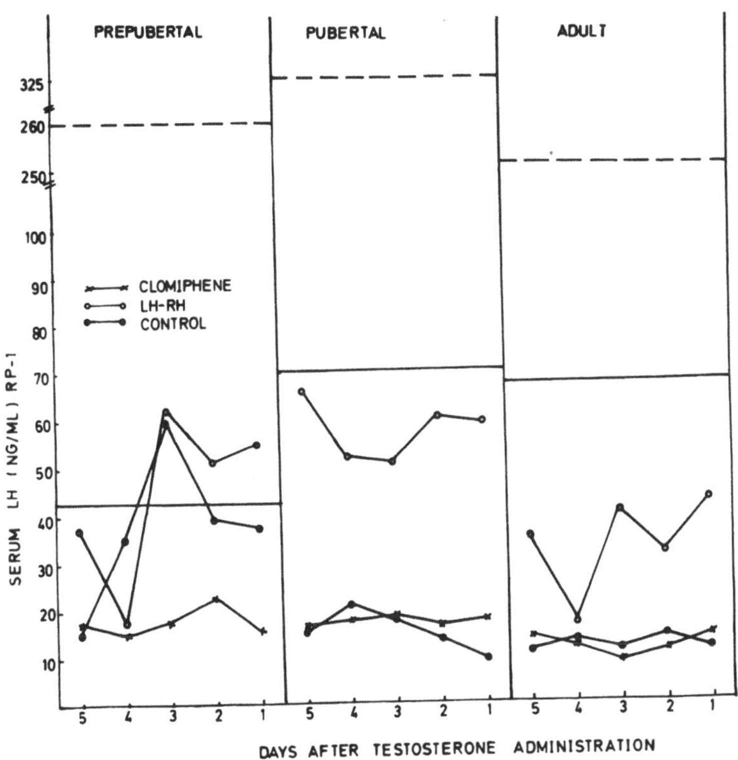

Fig. 11. Effect of a single injection of testosterone propionate on serum LH concentration when given at a various interval in the male rat at different stages of sexual maturation. The effects of LH-RH and clomiphene on the androgen-blocked animals are also given

increasing sex steroid hormone concentration in serum seen during day 25 to 33 in the male rat. The existence of the reciprocal relationship between androgens and gonadotropins already attracted great many experimenters with a view toward assessing the magnitude of feedback. However, the data are difficultt to integrate since the procedures used have varied enormously. Dosage levels, as well as duration of injection, type of steroid injected and age at time of injection have differed from one study to another. While the inhibitory influence of androgens on LH release in castrated rats was shown (Ramirez & McCann 1963, 1975; Kalra *et al.* 1973), the question of its influence on FSH release is more complex. Although plasma FSH was seen to decline the pituitary content of FSH remained either unaltered or increased (BOGDANOVE 1967, RYAN & PHILPOT 1967, STEINBERGER & DUCKETT 1966, WATANABE & MCCANN 1969).

These observations prompted us to investigate further the influence of testosterone given at various times as a single injection in the intact animal at various stages of sexual maturation on the synthesis and release of pituitary gonadotropins. Further we also examined the effect of LH-RH and clomiphene which is a weak oestrogen and has differential inducing effect on gonadotropins in relation to maturation, on the pituitary gonadotropins in the testosterone-blocked animals.

Fig. 11 shows the effect to testosterone proprionate (25 mg/kg body wt) on serum LH in prepubertal, pubertal and adult male rats when given as

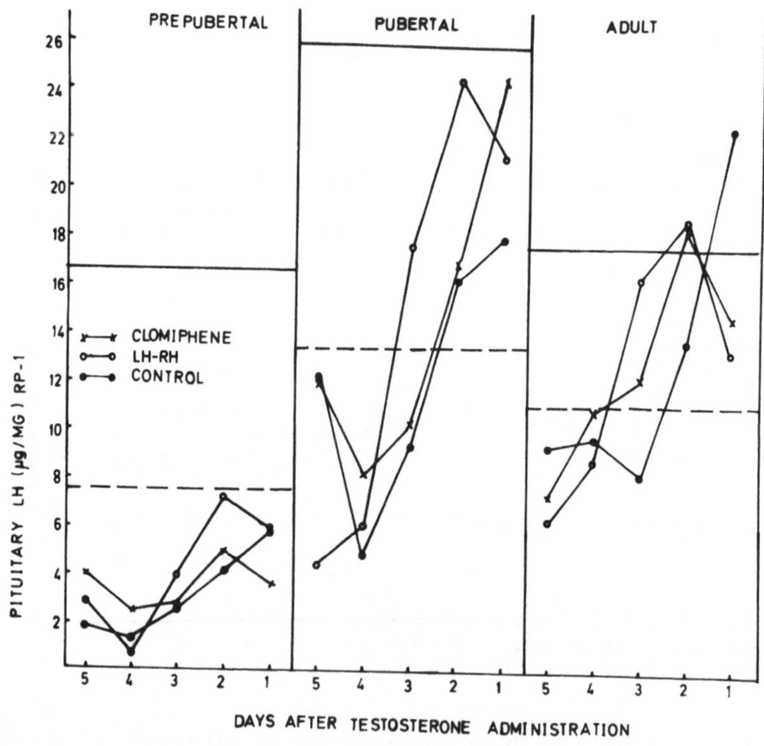

Fig. 12. Effect of a single injection of testosterone propionate on pituitary LH concentration when given at a various interval in the male rat at different stages of sexual maturation. The effects of LH-RH and clomiphene on the androgen-blocked animals are also given

a single injection at 5 day, 4 day, 3 day, 2 day and 1 day before the samples were collected. The solid horizontal bars indicate the mean level of serum LH concentration in each maturational group. The figure shows that Tp suppressed the LH level in both pubertal and adult groups far below the control level, and administration of the steroid as early as 5 days still kept the LH level down which was not significantly different from the level found in the animal when Tp was given only 1 day before. With the prepubertal group, the treatment of Tp 5 day before kept the LH concentrationat the lowest level. The LH-RH test (25 ng/100 g body weight) brought

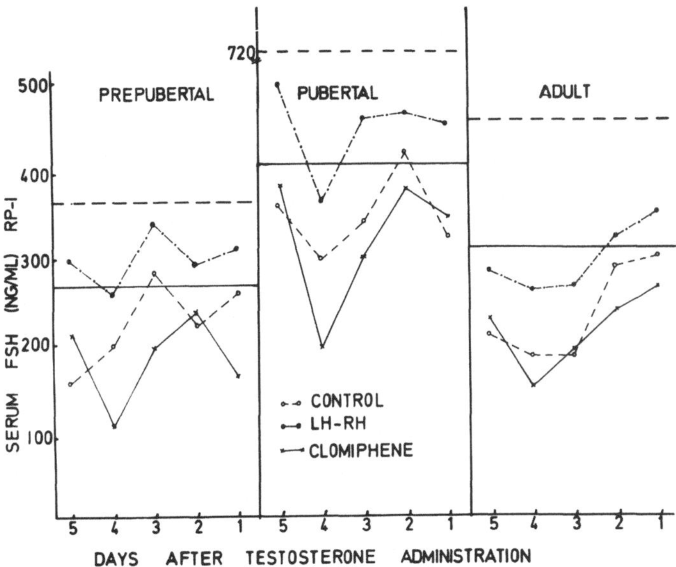

Fig. 13. Effect of a single injection of testosterone propionate on serum FSH concentration when given at a various interval in the male rat at different stages of sexual maturation. The effects of LH-RH and clomiphene on the androgen-blocked animals are also given

clear stimulation in the LH level in the pubertal and adult androgen-blocked animals of various duration. But these post-LH-RH levels were less than the basal levels see in the animals without any testosterone block. In the prepubertal group LH stimulation was seen in those animals which were injected with testosterone only 1 and 2 days before, but not in other groups. Clomiphene (1 ng/kg body wt) suppressed the serum LH levels further in the prepubertal group, but had no significant effect in the pubertal and adult group.

Fig. 12 shows the pituitary content of LH in the same animals. In all three control groups pituitary content of LH rose rapidly with less time interval between testosterone administration and sampling of specimen. This indicates that perhaps testosterone blocked more the release than the synthesis. This became also evident with LH-RH administration, the pituitary content rose but there was no concomitant reflection in the serum level. Clomiphene suppressed the pituitary content of LH only in the animals treated with testosterone 1 day earlier. The pubertal animals again demonstrated much higher activity than the other two groups.

Fig. 13 shows the effect of testosterone propionate treatment on the serum FSH levels in the same animals at various time period. The effect on serum FSH in all the three age groups are similar to those seen on serum

LH levels. While the LH levels in the treated pubertal and adult animals were much below the serum level in untreated groups, the FSH levels in all the three groups were not much below the untreated levels. However, the androgen blocking was more effective with longer interval of testosterone administration. With LH-RH FSH levels were higher in all the groups although none of them reached the level observed in the untreated animals here swohn with broken lines, Clomiphene, in general, suppressed FSH more in those animals who had testosterne propionate 4 days ago in all three maturity groups.

Fig. 14 shows the pituitary content of the 3 groups of androgen-blocked animals. The pubertal group again showed maximal activity. Androgen-treated control groups show less pituitary level than the levels seen in the untreated animals (depicted by solid horizontal lines). With LH-RH and

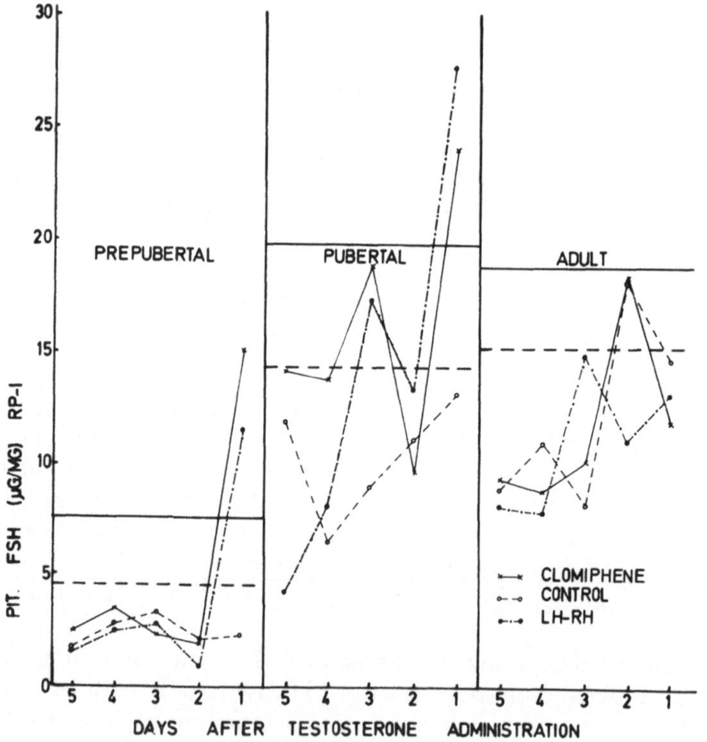

Fig. 14. Effect of a single injection of testosterone propionate on pituitary FSH concentration when given at a various interval in the male rat at different stages of sexual maturation. The effects of LH-RH and clomiphene on the androgen-blocked animals are also given

Clomiphene again the pituitary content was noticed to increase very rapidly indicating perhaps the synthesis is in progress while the release has been affected due to androgen blocking.

This enhanced responsiveness of the hypothalamic-pituitary-gonadal axis whether under androgen-blocking, or stimulation with LH-RH in androgen-treated or untreated animals is explicit at the time of puberty. This adds further support to the key concept of differential sensitivity with regard to the question of initiation of puberty.

Gonadostat-Theory and New Problems

During the course of experimentation, one becomes slowly conscious of the extremely dynamic interplay of the hypothalamic-pituitary-gonadal axis. Under slight perturbation of one component the others may profoundly

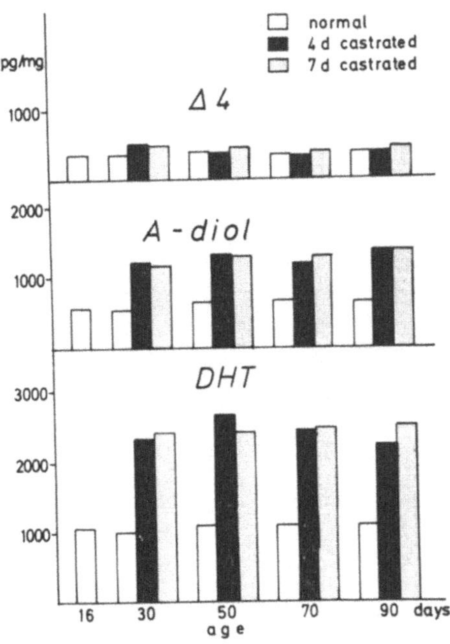

Fig. 15. Pituitary biotransformation of testosterone to 5α-metabolites and androstenedione in intact and castrated animals

be affected which may alter the function of the whole system. Therefore, the concept of differential sensitivity which is essentially a qualitative one, should take note of other manipulative factors, such as introduction of large amounts of electricity, or bits of crystalline steroids or special design for intermittent blood collection. All these can easily upset the delicate equilibrium and alter the timing of puberty.

Therefore, doubts have already started appearing to question the validity of the sensitivity set point hypothesis which is so simple and attractive. One line of thought is: is it not possible that the greater effectiveness of administered steroids before puberty, as seen in the previous experiments, is a function of the immaturity of the disposal mechanism for steroids, i. e. could the steroid injections actually result in higher and/or more sustained circulating titres of steroids than the same treatment in adults. This doubt is now under examination in our laboratory.

Pituitary Biotransformation of Testosterone

Work on pituitary biotransformation of testosterone to its 5α-reduced metabolites in rats, which has been presumed to have some bearing on the question of sexual maturation, has demonstrated that, in fact, this biotransformation is not age-dependent.

To examine this last point we investigated the acute effect of orchidectomy on the pituitary biotransformation of testosterone to its 5α-metabolites relating this effect to the circulating levels of LH and FSH in the same animals. We also examined whether sexual maturation in the male animal has any direct effect on this biotransformation.

Fig. 15 shows that in the intact-animal DHT constituted the main mass of metabolites. Androstanediol was also formed in large quantities. The for-

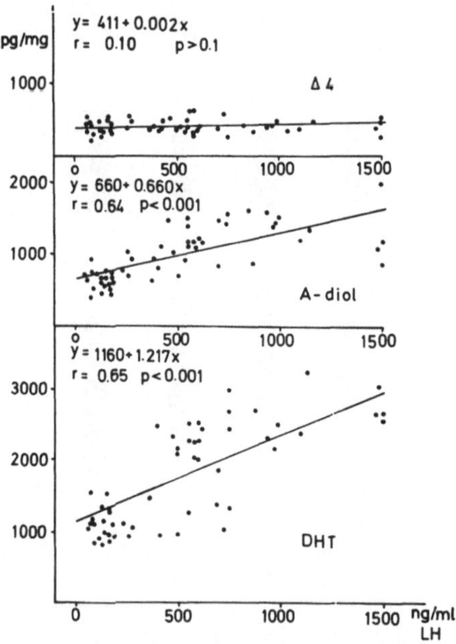

Fig. 16. Correlation between the biotransformed metabolites and serum LH in intact and castrated animals

mation of androstenedione was low. No significant age difference in biotransformation could be detected in any of steroids considered. Orchidectomy caused an increment in the total amount of 5α-metabolites. This increase in DHT and androstanediol could be seen in all age groups studied 4 days after castration. No further change was noted when the post-surgery period was extended to 7 days. The formation of androstenedione remained nearly constant following orchidectomy.

Fig. 16 demonstrates the relation between the metabolites formed and augmented plasma LH levels. The best correlation was found between the serum levels of LH and formation of DHT ($r = 0.65$, $p < 0.001$). Androstanediol also showed a highly significant correlation. However, no correlation was found between the formation of androstenedione and plasma LH values.

Fig. 17 shows the relation between plasma FSH values and 5α-metabolite of testosterone in the same animals. For plasma FSH also DHT and andros-

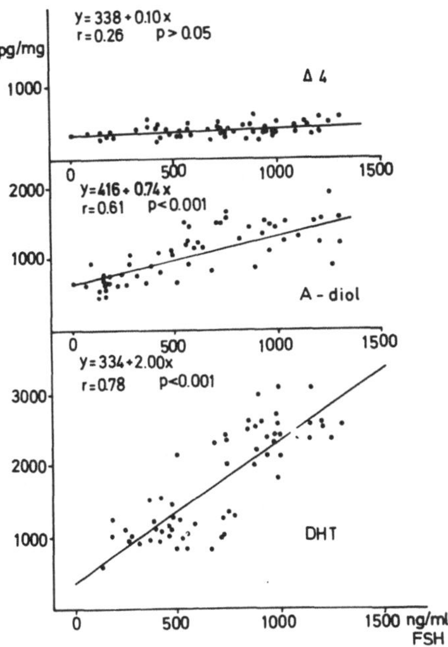

Fig. 17. Correlation between the biotransformed metabolites and serum FSH in intact and castrated animals

tenediol had good correlation, values being 0.78 and 0.61. Androstenedione did not have any relation also with FSH.

These results on the augmentation of selective steroid metabolizing enzymes, namely 5α-reductase and not 17β-hydroxysteroid dehydrogenase after orchidectomy postulates contrasting view to the general belief of post-castration induction of overall growth in pituitary cells. It is more likely that LH-RH which is augmented due to castration, perhaps specifically and favourably influences the 5α-reductase system. The striking relationship between 5α-reduced metabolites of testosterone and the circulating levels of LH and FSH adds further support to this belief.

A Qualitative Aspect of Feedback Control

Finally we present another line of evidence which says that, for at least one pituitary hormone, *feedback control* is not only *quantitative* but qualitative. By this, it has been meant that the target gland (in this case the gonad) in its "talk-back" to the pituitary, or hypothalamo-pituitary system, can dictate not only the amount of tropic hormone to be secreted, but the *kind* of tropic hormone as well.

The recent investigations of BOGDANOVE *et al.* (1975) and others have introduced a new dimension to the seemingly eternal question of peptide hormone economics. They have shown when animals are castrated the quality of FSH alters, depending on the sex of the animal. In these experiments it has been shown that the absence of gonadal steroids, the pituitary (male or female) synthesizes, stores and releases a typ of FSH, that is called *neuter-FSH*. In response to androgen replacement, both stored and circulating forms of FSH change. The pituitary begins to secrete a different hormone "*andro-FSH*" for which this index of discrimination, apparent molecular size and capacity to survive in the circulation, all are greater than they are for "*neuter-FSH*". Ovarian steroids appear to have an opposite effect, producing FSH which is relatively short-lived. These are called "*gyno-FSH*".

It is not known whether this kind of pleomorphism for FSH also exist in human subjects, under androgen or oestrogen treatment. Like other advancement in our knowledge, including the hypothesis of sensitivity threshold, this new wave of experimental information from the animal world will reach no doubt the shore of clinical medicine after a certain lenght of time. Meanwhile, we have this change in *gonadostat* hypothesis to explain the onset of puberty, although it does not elucidate the hormone economics in terms of synthesis, release and clearance — the three dynamic processes through which hormones are transferred into and out of bodily compartments, in which we detect their presence.

References

BARTKE, A., STEELE, R. E., MUSTO, N., CALDWELL, B. V.: Endocrinology **92,** 123 (1973).

BOGDANOVE, E. M.: Anat. Rec. **137,** 117 (1967).

BOGDANOVE, E. M., NOLIN, J. M., CAMPBELL, G. T.: Recent Progr. Hormone Res. **31,** 567 (1975).

GUPTA, D.: In: Recent Progress in Reproductive Endocrinology. (Eds. P. G. CROSIGNANI and V. H. T. JAMES.) London: Academic Press 1974.

GUPTA, D., RAGER, K., ZARZYCKI, J., EICHNER, M.: J. Endocrinol. **66,** 183 (1975).

KALRA, P. S., FAWCETT, C. P., KRULICH, L., MCCANN, S. M.: Endocrinology **92,** 1256 (1973).

KATONGOLE, C. B., NAFTOLIN, F., SHORT, R. V.: J. Endocrinol. **50,** 457 (1971).

KATONGOLE, C. B., NAFTOLIN, F., SHORT, R. V.: J. Endocrinol. **60,** 101 (1974).

NAFTOLIN, F., BROWN-GRANT, K., CORKER, C. S.: J. Endocrinol. **53,** 17 (1972).

RAMIREZ, V. D., MCCANN, S. M.: Endocrinology **72,** 452 (1963).

RAMIREZ, V. D., MCCANN, S. M.: Endocrinology **76,** 412 (1965).

STEINBERGER, E., DUCKETT, G. E.: Endocrinology **79,** 912 (1966).

WATANABE, S., MCCANN, S. M.: Proc. Soc. Expt. Biol. Med. **132,** 195 (1969).

Author's address: Prof. Dr. DEREK GUPTA, Department of Diagnostic Endocrinology, Rümelinstraße 23, D-7400 Tübingen, Federal Republic of Western Germany.

Pädiatrie und Pädologie, Suppl. 5, 103—107 (1977)

Hypergonadotrophic Male Pseudohermaphroditism Due to Complete 17-alpha-Hydroxylase Deficiency

By

W. K. Waldhäusl*, K. Herkner, P. Bratusch-Marrain, H. Haydl, and P. Nowotny

From the I. Medizinische Universitätsklinik, Vienna
(Head: Prof. Dr. E. Deutsch)
Division of Clinical Endocrinology and Metabolism

With 1 Figure

Summary

This is a case report of a 43 years old phaenotypic female (karyotype 46 XY) with congenital adrenal hyperplasia and male pseudohermaphroditism presenting with severe hypertension and hypokalaemic alkalosis. Evaluation of the steroid biosynthesis of the adrenals as well as of the intraabdominal testes demonstrated a severe degree of 17-α-hydroxylase deficiency in this patient. This defect was associated by a complete lack of deoxycortisol and cortisol as well as of testicular testosterone synthesis, and by an overproduction of DOC and corticosterone. Survival of the patient in spite of severe cortisol deficiency was due to the glucocorticoid activity of corticosterone. This compound and DOC account also — due to their mineralocorticoid properties — for the hypertensive state of this male pseudohermaphrodite.

Zusammenfassung

Hypergonadotroper Pseudohermaphroditismus masculinus infolge eines kompletten 17-α-Hydroxylasemangels

Der vorliegende Bericht beschreibt eine 45jährige Person mit weiblichem Phaenotypus und männlichem Pseudohermaphroditismus (Karyotyp 46 XY), Gynäkomastie, hypokaliaemischer Alkalose und Hypertonie. Die Entwicklung sekundärer Geschlechtsmerkmale und die Menarche unterblieben zum Zeitpunkt der „Pubertät". Während der Untersuchung der „Patientin" wurden keine Derivate des Müllerschen Ganges, wohl aber intraabdominelle Testes gefunden. Diese zeigten histologisch eine hochgradige Atrophie der Samenkanälchen und eine überschießende Proliferation der Leydig-Zellen. Die Sekretionsrate für Deoxycorticosteron (2,006 mg/24 h) und Corticosteron (117,81 mg/24 h) war extrem überhöht, jene für Aldosteron (17 μg/24 h), Deoxycortisol (22 μg/24 h) und Cortisol (23 μg/24 h) nahezu unmeßbar. Das Fehlen

* Supported by the Fonds zur Förderung der wissenschaftlichen Forschung, grant Nr. 1783.

einer 17-α-Hydroxylierung wurde weiters durch niedere Exkretionsraten von 17-Hydroxy-Progesteron und Pregnantriol; sowie durch niedrige Konzentrationen von Dehydroepiandrosteron, Androstendion und von Testosteron im Gewebe der operativ entfernten intraabdominellen Testes nachgewiesen. Der beschriebene Fall ist der erste Bericht eines männlichen Pseudohermaphroditismus mit 17-α-Hydroxylasemangel, der mit einem *kompletten* weiblichen Phaenotypus einhergeht. Weiters war der Enzymmangelzustand mit einem 18-Hydroxylase-Mangel gekoppelt.

External genitalia are known to have an inherent tendency to feminize. They can differentiate both in the male and in the female direction up to the 8th fetal week. Thus the phaenotypic appearance of external genitalia is of the female type as long as no interference by androgenic hormones occurs. Sexual differentiation along male lines starts only in the presence of androgenic activity, which is provided in fetal males by the testicular Leydig cells about 60 days after conception.

17-α-hydroxylase deficiency has been described so far occasionally both in females (BIGLIERI *et al.* 1966) and in males. The clinical pattern presented was generally the syndrome of hypokalaemic hypertension associated with metabolic alcalosis. In male individuals male pseudohermaphroditism associated with ambiguous external genitalia has been described additionally (NEW *et al.* 1970, TOURNIAIRE *et al.* 1976).

This report (WALDHÄUSL *et al.* 1976) describes a phaenotypic female individual with a vagina of 12 cm depth, beeing married for many years. There was no clitoromegaly, and a complete lack of pubic and of axillary hair. Breasts were only poorly developed. The height was 183 cm, the weight 83 kg. The patient gave a previous history of a bilateral herniotomy at age 18. The surgical report described bilateral persistence of testes, which were replaced into the abdominal cavity. Histological examination showed normal testicular tissue. No internal genital structures as uterus or Fallopian tubes were found. Twenty five years later the patient was referred to the endocrine service for treatment of a nontoxic nodule of the thyroid gland. The 43 years old patient presented at that time with hypokalaemic hypertension with a blood pressure (BP) of 210/130 mmHg. Serum potassium was 2.3 mmol/l, the blood pH 8.46.

The clinical workup demonstrated the presence of extreme hypertension which was irresponsive to conventional therapy. Chromosome analysis revealed a normal male caryotype 46, XY. Plasma LH was elevated to 67.3 mIU/ml, as was plasma FSH (115.4 mIU/ml). Plasma renin concentration (PRC) was suppressed both on a high and on a low sodium intake, as was the excretion rate of aldosterone glucuronide. Elevated excretion rates were observed of pH 1 corticosterone and DOC, which showed even a further increase upon sodium restriction.

Urinary excretion rates of pH 1 deoxycortisol, cortisol and of aldosterone were diminished. They responded only slightly to maximal stimulation by ACTH 1 mg b. i. d. Basal values of free DOC and corticosterone were elevated and increased maximally upon ACTH. They were completely suppressed by the administration of dexamethasone 1.5 mg q. i. d.

Urinary excretion rates of the TH-derivatives of cortisol were minimal for patient W. H. when compared to controls. Excretion rates of TH-DOC were 380 μg and of TH-corticosterone 4400 μg/24 hrs. They were strongly elevated when compared to the controls. Dexamethasone 1.5 mg q. i. d. reduced the excretion rates of TH-DOC to 76 μg, and those of TH-B to 272 μg/24 hrs.

The respective secretion rates were in the untreated state for cortisol (THE) 23 μg as compared to 16 mg ± 1.35 (SE) in healthy controls (n = 4); for corticosterone (aTHB) 118 mg as compared to 4.97 ± 1.92 mg (SE) for the controls; for DOC (TH-DOC) 2006 μg as compared to 168 ± 57 μg (SE) in the controls; and for aldosterone (pH) 17 μg as compared to 91 ± 17 μg (SE) in the controls. The elevated secretion rates for DOC and corticosterone were suppressed into the normal range upon the administration of dexamethasone 1.5 mg q. i. d. as shown by Fig. 1.

Administration of metyrapone, 2.0 g i. v./4 hrs, caused due to a block of 11-β-hydroxylase a maximal decrease of plasma corticosterone, and a slight reduction of a basally minute plasma cortisol level. Plasma DOC and deoxycortisol increased correspondingly. Basal testosterone values were 10 ng/100 ml as compared to 500 ng/100 ml in normal males of the same age. Testosterone showed a small increase upon the administration of metyrapone. Plasma progesterone concentration was 470 ng/100 ml, as compared to 16—26 ng/100 ml in normal male individuals, and showed no change after metyrapone administration.

Plasma concentrations of ACTH were elevated up to 200 pg/ml vs. normal controls (25—80 pg/ml) demonstrating an increased demand for ACTH due to a lack of cortisol synthesis. The circadian rhythm of ACTH was maintained. Hyperactivity of the adrenal glands and bilateral adrenal hyperplasia were demonstrated by szintiscanning with 131-J-19-cholesterol. No suppression of 131-J-19-cholesterol uptake was observed after the administration of dexamethasone 0.5 mg q. i. d. for two weeks.

When sodium intake was kept constant at 240 mmol/day, the effects of ACTH, metyrapone and dexamethasone were studied upon urinary electrolytes and BP. It was shown that ACTH caused sodium retention, paralleling an increased release of DOC (plasma DOC 585 ng/100 ml; normal 12 ng/100 ml) and of corticosterone (plasma corticosterone 15.8 μg/100 ml; vs. normal 0.5 μg/100 ml). Inversely, metyrapone induced sodium diuresis by reducing sharply the biosynthesis of corticosterone resulting in a plasma concentration of 0.9 μg corticosterone/100 ml. Prolonged administration of dexamethasone, 1.5 mg q. i. d., was followed by a fall in BP, by sodium diuresis and potassium retention with correction of hypokalaemia. This effect was reversed upon cessation of dexamethasone.

In conclusion: The obtained data demonstrate a severe degree of 17-α-hydroxylase deficiency accompanied by an almost complete lack of both deoxycortisol and cortisol synthesis, and also of testicular testosterone. There was no increase of plasma testosterone upon administration of gonadotrophins. The degree of 17-α-hydroxylase deficiency is comparable to that described by BIGLIERI *et al.* (1966) in a genotypic female, and fourfold that of the first genotypic male described by NEW *et al.* (1970). Our patient is to our knowledge the first male who developed unambigous external female genitalia in the presence of complete 17-α-hydroxylase deficiency. All

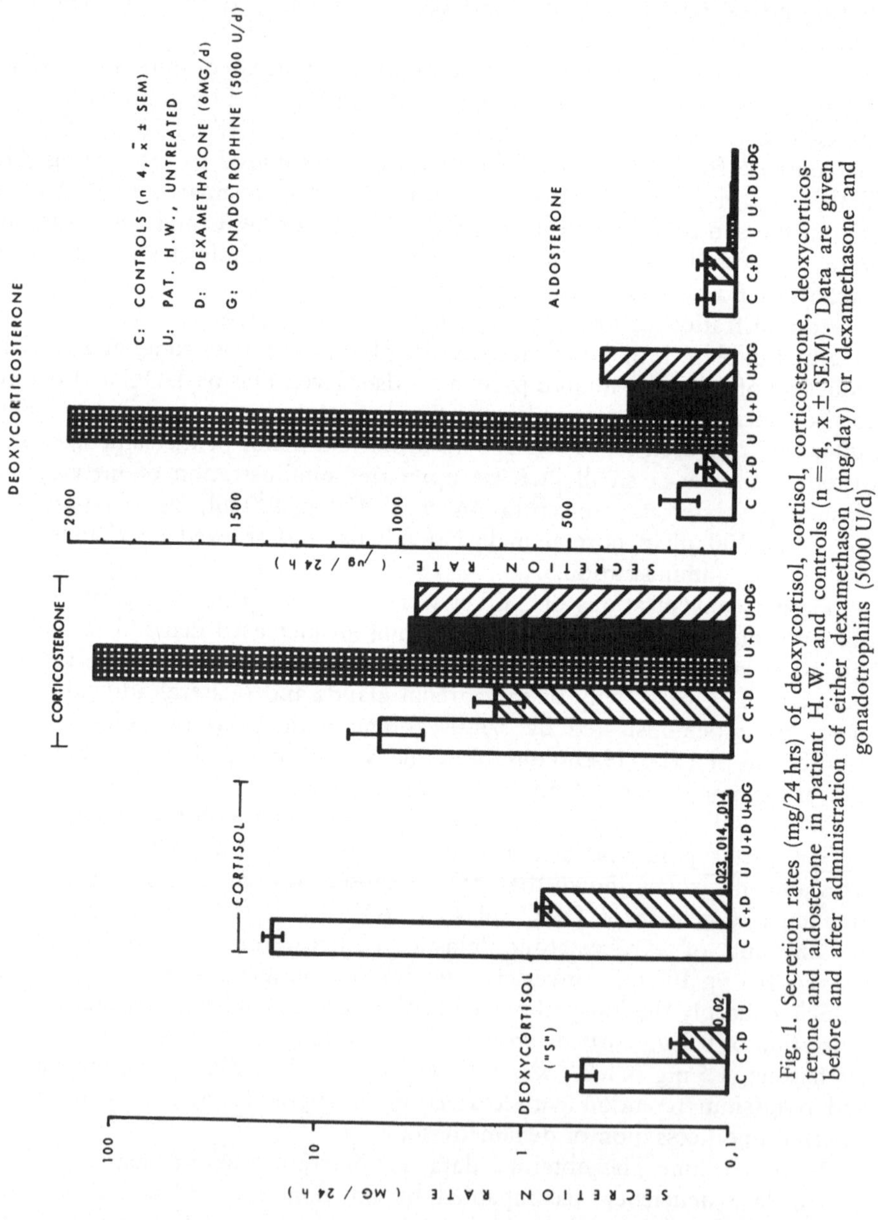

Fig. 1. Secretion rates (mg/24 hrs) of deoxycortisol, cortisol, corticosterone, deoxycorticosterone and aldosterone in patient H. W. and controls (n = 4, x ± SEM). Data are given before and after administration of either dexamethason (mg/day) or dexamethasone and gonadotrophins (5000 U/d)

other known cases had ambiguous genitalia associated with a partial block of 17-α-hydroxylase. This observation demonstrates that the development of male external genitalia is heavily dependent on the presence of androgens.

The absence of Müllerian structures in this individual indicates the presence of biologically active "inhibin" (Josso 1972), and suggests a complete separation of its biological action from that of testosterone. The normal development of bone age in spite of androgen deficiency remains however unexplained. Survival of patient H. W. for 43 years in spite of total cortisol deficiency seems to be due to the glucocorticoid activity of corticosterone which is about 1/5 of that of cortisol. Hypokalaemic hypertension was due to an excess secretion rate of both DOC and corticosterone and their mineralocorticoid activity. Testes have been removed bilaterally from the abdominal cavity a week ago.

References

Biglieri, E. G., Herron, M. A., Brust, N.: 17-Hydroxylation Deficiency in Man. J. Clin. Invest. **45**, 1946—1954 (1966).

Josso, N.: Permeability of Membranes to the Müllerian Inhibiting Substance Synthetized by the Human Fetal Testes in Vitro. A Clue to Its Biochemical Nature. J. Clin. Endocrinol. Metab. **34**, 265—270 (1972).

New, M. I., Suvannakul, L.: Male Pseudomermaphroditism Due to a 17-α-Hydroxylase Deficiency. J. Clin. Invest. **49**, 1930—1941 (1970).

Tourniaire, J., Audi-Parera, L., Loras, B., Loras, J., Blum, J., Castelnovo, P., Forest, Maguelone, G.: Male Pseudohermaphroditism With Hypertension Due to 17-α-Hydroxylation Deficiency. Clinical Endocrinology **5**, 53—61 (1976).

Waldhäusl, W. K., Herkner, K., Bratusch-Marrain, P., Haydl, H., Nowotny, P.: Hypergonadotrophic Male Pseudohermaphroditism Due to Complete 17-α-Hydroxylase Deficiency. E. J. Clin. Invest. **6**, 19 p. (1976) (Abstract).

Authors' address: Doz. Dr. Werner Waldhäusl, I. Med. Univ.-Klinik, Lazarettgasse 14, A-1090 Wien, Austria.

Pädiatrie und Pädologie, Suppl. 5, 109—120 (1977)

Ein neues „Antigonadotropin" in der Behandlung der Pubertas praecox und der Pubertätsgynäkomastie

Von

W. Swoboda, Eva Turnheim, H. Frisch und **J. Spona**

Aus dem Ludwig-Boltzmann-Institut für pädiatrische Endokrinologie, der Universitäts-Kinderklinik und der I. Universitäts-Frauenklinik in Wien

Mit 4 Abbildungen

Zusammenfassung

Danazol, ein synthetisches Testosteronderivat (Isoxazol-Ethisteron), wurde aufgrund von Empfehlungen in der Literatur von uns bei 4 Fällen von Pubertas praecox und 10 Fällen von Gynäkomastie verabreicht. Bei den 3 Mädchen mit Pubertas praecox wurde das Fortschreiten der Sexualentwicklung abgebremst, beim Knaben war dieser Effekt weniger ausgeprägt. Die Wirkung auf die Beschleunigung des Längenwachstums und der Knochenreifung war nur geringgradig und damit insuffizient. Bei den Knaben mit hochgradiger Pubertätsgynäkomastie trat unter Danazol in der Mehrzahl der Fälle eine eindeutige Rückbildung der Brustdrüsenvergrößerung in relativ kurzer Frist auf. Die Wirkung des Danazols auf den Plasmaspiegel verschiedener Hormone des Sexualbereiches (FSH, LH, Progesteron, Östradiol, Testosteron) war nur in sehr beschränktem Ausmaß, nämlich in einer Senkung des Testosterons, sicherzustellen.

Obwohl Danazol damit zu jenen Steroidderivaten gehört, welche die Sexualentwicklung hemmen können, bestätigen unsere Erfahrungen die Auffassung anderer Autoren [10], daß die Hypothalamus-Hypophysen-Gonaden-Achse („Gonadostat") durch Danazol nicht ausreichend gehemmt werden kann. Danazol ist somit den bisher in der Behandlung der Pubertas praecox verwendeten Präparaten nicht überlegen. Dagegen waren unsere Erfahrungen in der Behandlung der Pubertätsgynäkomastie sehr ermutigend. Unter Berücksichtigung des Fehlens von unerwünschten Nebenwirkungen bei der gewählten Tagesdosierung von maximal 400 mg in dieser Altersstufe, erscheint uns die Behandlung dieser aus psychologischen Rücksichten oft therapiebedürftigen Entwicklungsanomalie mit Danazol grundsätzlich eines Versuches wert.

Summary

A New Antigonadotropin in the Treatment of Precocious Puberty and Pubertal Gynaecomastia

A synthetic steroid compound derived from testosteron (isoxazol-ethisterone), *Danazol*, with gonadotropin-depressing activity, was used in the treatment of 4 cases of idiopathic sexual precocity (age 2½ to 4 years) and in 10 cases of severe pubertal gynaecomastia. In sexual precocity the suppression of menstruation as well as of breast-enlargement was good, while the suppression of acceleration of longitudinal growth and bone maturation was inferior compared with cyproteron-acetate. In most boys wiht gynaecomastia a marked regression of breast enlargement occurred within a few weeks or months. With the dosage used (200—300 mg/day in the sexual precocity patients, 300—400 mg in the gynaecomastia patients) the changes in plasma hormone levels (LH, FSH, progesterone, estradiol, testosterone) were within a non significant range. Depression of testosterone seemed to be a rather regular finding. No untoward side-effects of the medication were noticed in the 14 patients studied.

In summary, Danazol did not show any advantages compared with the compounds used in the treatment of isosexual precocity sofar. In contrast, the drug proved to have useful effects in pubertal gynecomastia, a condition which in severe degrees certainly deserves medical treatment.

1. Einleitung

Die Behandlung der sogenannten „idiopathischen" isosexuellen Pubertas praecox stellt in der pädiatrischen Endokrinologie nach wie vor ein echtes Problem dar, weil die therapeutischen Ergebnisse weder mit dem Gestagen Medroxyprogesteronacetat noch mit dem in den letzten Jahren häufiger verwendeten Cyproteronacetat [1] vollkommen zufriedenstellend waren. Aus diesem Grund überprüften wir die Brauchbarkeit eines weiteren neuartigen Präparates, *Danazol*®, dem eine antigonadotrope Wirksamkeit zugeschrieben wurde [6, 14]. Die Substanz war für uns überdies noch deshalb von Interesse, weil sie angeblich mit Erfolg auch bei der Pubertätsgynäkomastie verwendet worden war [6]. Dieser in seinen leichteren Graden häufig transitorische Zustand von Brustdrüsenparenchymvergrößerung beim männlichen Geschlecht war bisher einer Hormonbehandlung nicht zugänglich gewesen [11].

Es handelt sich bei der von uns verwendeten Substanz um ein Steroid von der Strukturformel 2,3-Isoxazol,17-α-Ethinyltestosteron (Isoxazol-Ethisteron), das seit mehreren Jahren im Ausland in klinischer Erprobung bzw. jetzt im Handel ist. Im Tierexperiment sowie in Voruntersuchungen am Menschen war nachgewiesen worden, daß die Substanz die endogene Gonadotropinproduktion in reversibler Weise inhibiert, ohne jedoch gleichzeitig das Ansprechen der Gonaden auf exogene Gonadotropine zu vermindern [3]. Eine potentielle Schädigung der Gonaden durch die Verabreichung des Präparates war daher weitgehend auszuschließen. Die pharmakologische Eigenwirkung des Steroids erwies sich bei sehr hoher Dosierung als in geringem Maße androgen, bei niedriger Dosierung dagegen als antiandrogen, insoferne als auf direktem Wege eine reversible Inhibition der Sekretion an den Leydigstellen zustande kam [13]. Als Indikationen für die Anwendung von Danazol ergaben sich neben einer Reihe von Erkrankungen bei erwachsenen Frauen (vor allem Endometriose und chronisch-zystische Mastopathie) für die Pädiatrie die Pubertas praecox und unerwünschte Brüstdrüsenvergrößerungen, wie etwa die Pubertätsgynäkomastie höheren Grades mit protrahiertem Ablauf.

2. Krankengut, Untersuchungsmethoden und Behandlungskriterien

Das eigene Krankengut setzt sich aus einer Gruppe von 4 Patienten mit idiopathischer Pubertas praecox zusammen (1 Knabe und 3 Mädchen, bei Therapiebeginn im Alter zwischen 2½ und 4 Jahren). Die zweite Gruppe

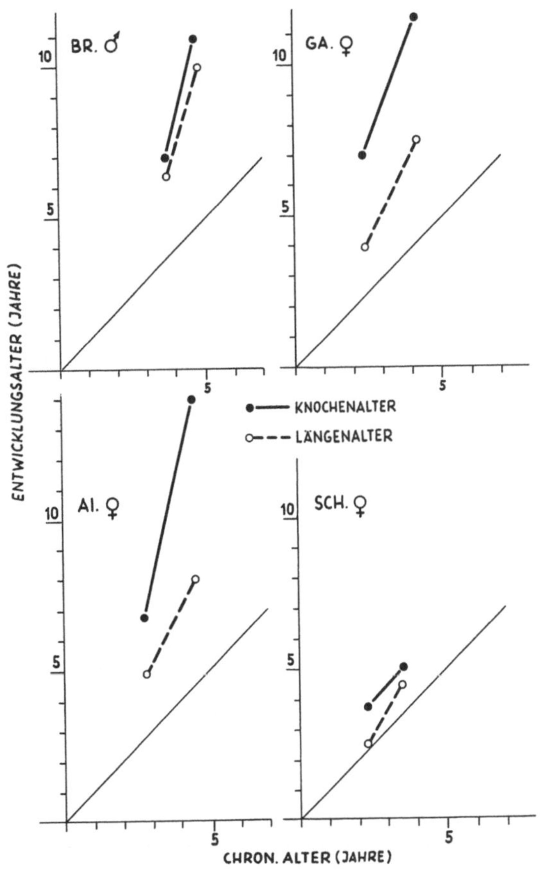

Abb. 1. 4 Patienten mit Pubertas praecox. Ablauf der Knochenentwicklung und des Längenwachstums während der *Danazol*-Behandlung. Die Abweichung beider Parameter von der Mittelwertlinie (45-Grad-Linie) ist mit Ausnahme des Knochenalters bei Fall 4 (Sch.) sehr eindrucksvoll. Am auffallendsten ist die mangelnde Hemmung der Knochenentwicklung bei Fall 3 (Al.)

besteht aus 10 Knaben zwischen 10 und 15 Jahren mit Gynäkomastie, wobei die Brustdrüsenvergrößerung dem Stadium Tanner 3—4 entsprach. Außer den klinischen Befunden, den Meßdaten, röntgenologischer Bestimmung des Knochenalters sowie der Harnausscheidung von 17-KS wurden bei den 4 Kindern mit Pubertas praecox und bei 4 Fällen von Gynäkomastie vor und während der Behandlung FSH, LH sowie Progesteron (P), Östradiol (E_2) und Testosteron (T) im Plasma mit radioimmunologischen Methoden [5, 7, 15, 16] bestimmt. Bei den 3 Mädchen mit Pubertas praecox wurde ferner die Östrogen-

Tabelle 1. *Pubertas Praecox:*

Pat.	Therapiebeginn Chronol. Alter	Knochen-alter	Länge (cm)	Gewicht (kg)	Brust 1—5	Pubes 1—5	Menarche	Erektionen Testes, ml
Br. männlich	$3^{9}/_{12}$	7	121	26,5		1—2		+ + + 4/4
Ga. weiblich	$2^{5}/_{12}$	7	102	21,2	2—3	2—3	$2^{2}/_{12}$	
Ai. weiblich	$2^{10}/_{12}$	$6^{9}/_{12}$	107	18	3	1—2	—	
Sch. weiblich	$2^{3}/_{12}$	$3^{9}/_{12}$	90	15	2—3	1	2×	

aktivität in den Zellen des Vulvaepithels im Vaginalsmear beurteilt, beim Knaben mit Pubertas praecox wurde eine Hodenbiopsie vor Behandlungsbeginn und eine weitere nach 12 Monaten Danazol-Behandlung vorgenommen*. Das Medikament wurde in einer Dosierung von 200—300 mg/Tag bei Kleinkindern mit Pubertas praecox über einen Zeitraum von mindestens 4 Monaten, meistens jedoch über 1 Jahr, vereinzelt länger, gegeben und in der Dosierung von 300—400 mg/Tag den Patienten mit Gynäkomastie. Bei diesen variiert der Zeitraum zwischen 3 Monaten und etwa 1 Jahr, einige Patienten sind noch in Behandlung.

3. Ergebnisse

Pubertas praecox (Tab. 1)

Die funktionellen Auswirkungen der vorzeitigen gesteigerten Sexualhormonproduktion wurden eindeutig unterdrückt. Die Menstruationsblutungen bei den 2 Mädchen sistierten sofort und anhaltend, das Brustdrüsenparenchym verkleinerte sich erkennbar, die Pubesbehaarung schritt nicht weiter fort bzw. ging sie vereinzelt auch etwas zurück, die Östrogenaktivität im Vaginalsmear gleichfalls. Die Peniserektionen beim männlichen Patienten verringerten sich dagegen nur wenig. Die Penisgröße nahm eher zu, die Hodengröße stieg gleichfalls an, auch Schambehaarung und aggressives Verhalten zeigten keine signifikante Veränderung. Die bereits vorher tief gewordene Stimmlage blieb unverändert. Hinsichtlich des Körperlängenwachstums und der Knochenentwicklung (Abb. 1) war bei 2 Patienten (Br. und Ga.) eine etwa parallel verlaufende Beschleunigung zu erkennen, bei Pat. Ai. eilte

* Die Auswertung dieser Befunde verdanken wir Herrn Prof. Dr. Holzner, Vorstand des pathologisch-anatomischen Institutes der Universität Wien.

Danazol-Therapie

Therapie	Letzte Untersuchung bzw. Therapieende							
Dosis, mg/d Einnahme	Chronol. Alter	Knochen-alter	Länge (cm)	Gewicht (kg)	Brust 1—5	Pubes 1—5	Menarche	Erektionen Testes, ml
200/300 regelm.	$4^{9}/_{12}$	11	138	32		2—3		++ 6/7
100/200/300 regelm.	$4^{2}/_{12}$	$11^{6}/_{12}$	125	32	1—2	2	—	
200/100/200 unregelm.!	$4^{6}/_{12}$	13	128	29	2—3	3—4	$3^{5}/_{12}$	
100 regelm.	$3^{6}/_{12}$	5	107	21	2	—	—	

das Knochenalter beträchtlich voraus, nur bei Patient Sch. schien die Ossifikation „gebremst“ zu sein. 2 sorgfältig überwachte Patienten sind als besonders repräsentativ anzusehen (Abb. 2). Es ergibt sich daraus eine mäßige, aber eindeutige Verminderung der Längenwachtstumsgeschwindigkeit gegenüber der therapiefreien Vorperiode, allerdings liegt sie noch immer beträchtlich über dem altersentsprechenden Normalbereich. Beim Knaben Br. kam es wäh-

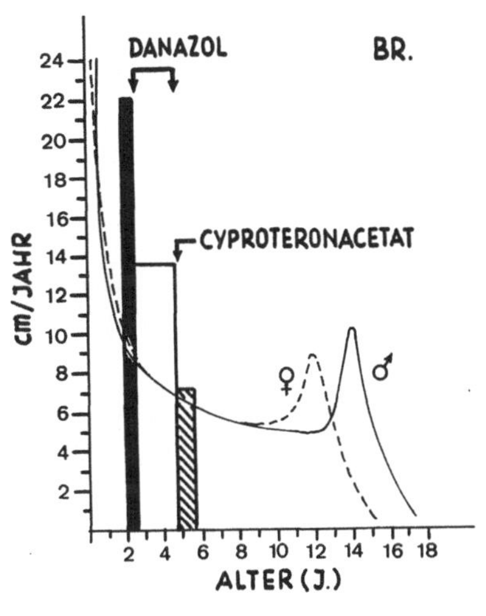

a

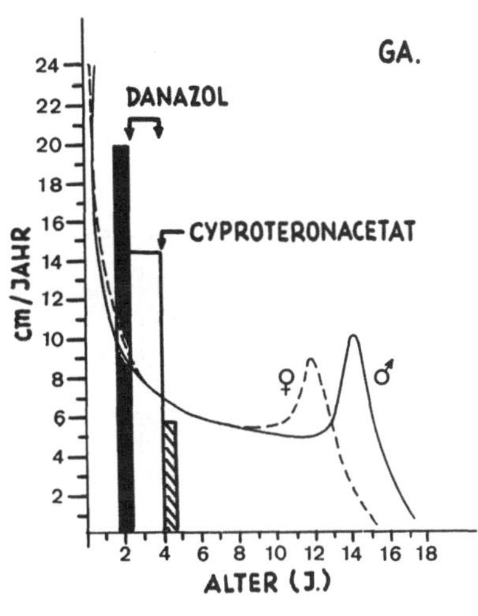

b

Abb. 2. Darstellung des Ablaufes der Längenwachstumsgeschwindigkeit bei den Patienten Br. (männlich) und Ga. (weiblich) mit Pubertas praecox. Die Verminderung der Längenwachstumsgeschwindigkeit unter *Danazol* ist im Vergleich zur Vorperiode (schwarze Säule) in beiden Fällen eindeutig zu erkennen. Die Verminderung wird aber von dem anschließend gegebenen Cyproteronacetat noch übertroffen

rend der 12 Monate langen Behandlung zu einem Anstieg des Knochenalters von 7 Jahren zu Therapiebeginn auf 11 Jahre ein Jahr später. Damit war die Ossifikationsgeschwindigkeit etwa ebenso schnell wie vor Einsetzen der Therapie. Auch beim Mädchen Ga. betrug das Knochenalter bei Behandlungsbeginn im Alter von 2¹/₄ Jahren 7 Jahre und bei Behandlungsende, 20 Monate später, 11 Jahre. Der Vergleich der beiden Hodenbiopsiebefunde ergab eine signifikante Veränderung, d. h. das Zytogramm mit einer Ausreifung bis zum Stadium der P-Spermatozyten zeigte unter der D-Behandlung keinen weiteren Reifungsfortschritt. Ein Rückgang des für die Pubertas praecox typischen

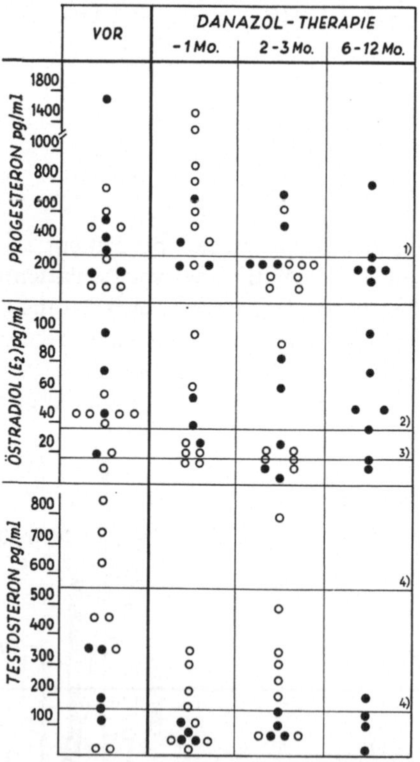

Abb. 3. 4 Fälle von Pubertas praecox (schwarze Kreise) und 4 Fälle von Pubertätsgynäkomastie (offene Kreise). Mehrfachbestimmungen von Progesteron, Östradiol und Testosteron im Plasma vor und während *Danazol*-Therapie

1 und *2*: Mittelwerte für erwachsene Männer [5]; *3* obere Grenze für Mädchen vor der Pubertät [5]; *4* Normalbereich bei Frauen und Kindern vor der Pubertät [7]

Befundes der vorzeitigen Hodenreifung war allerdings in der prozentuellen Aufteilung der Spermiogenese bei der Kontrollbiopsie auch nicht zu erkennen.

Die Verlaufsstudie der *Plasmahormone* (Abb. 3 und 4) erbrachte bei der von uns gewählten Dosierung des Danazols in einem durchschnittlichen therapeutischen Bereich wenig konklusive Resultate. Die gonadotropen Hormone LH und FSH lagen mit ihren Ausgangswerten im Normbereich. Die LH-Werte zeigten aber auch unter Therapie keine nennenswerten Veränderungen, beim FSH war sogar eine gewisse Anstiegstendenz zu erkennen. Auch bezüglich der peripheren Hormone Progesteron, Östradiol und Testosteron waren die

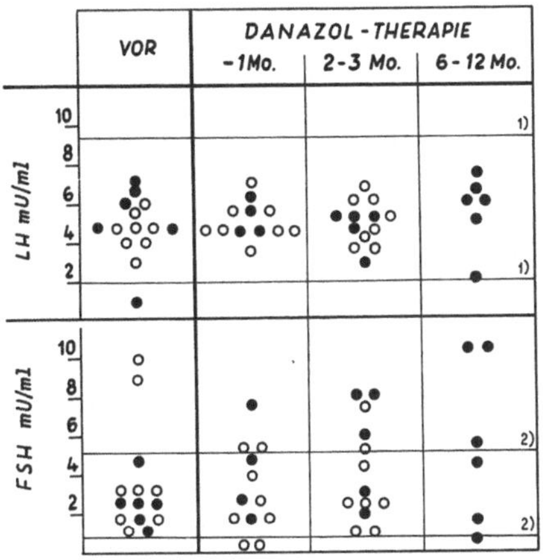

Abb. 4. Gleiche Patientenanordnung und gleiche Symbole wie in Abb. 3. Mehrfachbestimmungen von LH und FSH im Plasma vor und während *Danazol*-Therapie
1 Normalbereich 2,1—9,2 mU/ml [15]; *2* Normalbereich für Kinder bis 12 Jahre: 0,5—4,9 mU/ml (SERONO)

Ergebnisse uneinheitlich und eher enttäuschend. Immerhin war beim Knaben Br. ein eindeutiger und anhaltender Abfall des T, bei dem besonders genau verfolgten Mädchen Ga. des E_2 festzustellen. Die 17-KS-Werte im 24-Stunden-Harn, vor Behandlungsbeginn in einem dem Knochenalter entsprechenden Normalbereich gelegen, zeigten keine signifikanten Veränderungen.

Pubertätsgynäkomastie

Von den 10 behandelten Patienten ist bei 7 nach einer Therapiedauer von mindestens 3 Monaten eine klinische Beurteilung des Effektes möglich. Bei 4 Patienten ist die Verkleinerung des Brustdrüsenparenchyms, eingeleitet durch eine Verkleinerung des Warzenhofes, für Patienten und Untersucher sehr eindrücklich, in 3 Fällen ist die Verkleinerung von geringerem Grade, aber gleichfalls vorhanden. Bei den restlichen 3 Fällen ist der Beobachtungszeitraum für eine definitive Beurteilung noch zu kurz. Andere klinische Auswirkungen waren bei dieser Patientengruppe nicht zu beobachten, insbesondere keine Wirkungen im Genitalbereich oder im psychosexuellen Verhalten. Längenwachstum und Ossifikationsfortschritt zeigten gleichfalls keine Abweichungen vom altersentsprechenden Normalverhalten. Die Plasmahormonwerte für LH, FSH, E_2, P und T (Abb. 3 und 4) zeigen, daß die Ausgangswerte von LH und FSH im Bereich der altersentsprechenden Norm lagen. Bei den Ausgangswerten von P, E_2 und T war der Streuungsbereich sehr groß, und alle diese Werte lagen von Behandlungsbeginn eher über dem Normbereich, wobei allerdings die Altersstufe (Pubertät) eine exakte Einordnung schwierig machte.

Im Laufe der Behandlung blieben LH- und FSH-Werte im wesentlichen unverändert, das T zeigte im ersten Behandlungsmonat einen erkennbaren Abfall (ähnlich wie bei den Pubertas-praecox-Fällen), während die Werte später wieder etwas anstiegen. Die E_2-Werte sanken während der Behandlung etwas ab. Auffallend war ein Anstieg des Progesterons im ersten Behandlungsmonat mit Rückkehr in den Normalbereich bei Fortsetzung der Therapie. Die 17-KS-Ausscheidung lag bei dieser Patientengruppe vor und während der Behandlung gleichfalls im altersentsprechenden Normbereich.

Verträglichkeit und Nebenwirkungen

In der gewählten Dosierung erwies sich das Präparat gastrointestinal in der Regel sehr gut verträglich. Bei 2 Gynäkomastie-Patienten mit beträchtlichem Übergewicht konnte während der Behandlung eine wesentliche Gewichtsabnahme erzielt werden (7 bzw. 4 kg innerhalb von 3 Monaten). Der jüngste Gynäkomastie-Patient (10 Jahre) nahm dagegen bei einer auf sein Körpergewicht bezogen allerdings relativ höheren Dosierung in 3 Monaten um 4 kg zu. Eindeutige Virilisierungserscheinungen wurden niemals beobachtet. Die Pubertas-praecox-Patientin Ga. bot schon vor Behandlungsbeginn eine auffallend tiefe Stimmlage, was nachher vielleicht noch deutlicher hervortrat. 4 Gynäkomastie-Patienten klagten beim Erreichen der Höchstdosis von 400 mg/Tag anfangs über Konzentrationsschwäche und Leistungsabfall in der Schule. Diese Klagen waren allerdings dreimal vorübergehender Natur, sie erzwangen nur in einem Fall das Absetzen des Präparates. Bei 3 Pubertas-praecox-Patienten war die unausgeglichene Stimmungslage bzw. ein aggressives Verhalten nicht als Nebenerscheinung der Therapie anzusehen, sondern wohl eher als insuffiziente Beeinflussung der abnormen somato-psychosexuellen Entwicklung. Dies kann von der Tatsache abgeleitet werden, daß bei 2 Patienten nach Umstellung auf Cyproteronacetat die Verhaltensschwierigkeiten wesentlich geringer wurden.

4. Diskussion

Nach bisher vorliegenden Untersuchungsergebnissen führt Danazol in einer Dosierung von 100—800 mg/Tag bei geschlechtsreifen Frauen innerhalb von 4—12 Wochen zu Amenorrhoe, Nivellierung der Basalttemperatur, Abnahme des Östrogeneffektes im Vaginalabstrich und Atrophie des Endometriums [2]. 4—6 Wochen nach Absetzen des Präparates kommt es wieder zu normalen ovulatorischen Zyklen, nachfolgende Schwangerschaften und Geburten verliefen komplikationslos [2, 4].

Die *gonadostatische Wirkung des* Danazols [2, 6, 14) wird zurückgeführt auf:

a) Hemmung der Testosteron-Synthese durch direkte Wirkung an den Leydigschen Zellen: Unter Danazol kam es zum Absinken des Plasma-T, die Gonaden sprachen jedoch auf exogen zugeführtes Gonadotropin (HCG), wenn auch etwas verzögert, wieder an.

b) Hemmung der FSH- und LH-Sekretion: Bei Dosierung unterhalb 600 mg/Tag kam es zunächst zur Nivellierung des zyklischen Sekretionsgipfels, erst bei höheren Dosen trat eine Senkung des Gonadotropinspiegels während des gesamten Zyklus auf. Die Reaktionsfähigkeit der Hypophyse auf Clomiphen blieb dabei erhalten.

c) Beeinflussung der Hypophysen-Gonaden-Achse durch eine „testosteronartige" Rückkoppelung ohne entsprechende androgene Aktivität in der Peripherie: Danazol erhöht offenbar den primär durch Hemmung der Androgensynthese verminderten Testosteron-Pool, woraus eine weitere Suppression der Gonadotropinsekretion resultieren soll.

d) Beeinflussung der Spermiogenese: Es wurde eine reversible Verminderung der Spermatozoenzahl bei einigen Versuchspersonen beobachtet.

Die *Nebenwirkungen* des Präparates scheinen gering zu sein. Bei hoher Dosierung wurden Neigung zu Gewichtszunahme, Akne, Absinken der Libido, Clitorishypertrophie [10] und Hirsutismus beschrieben. Die meisten Symptome waren nach Absetzen des Präparates reversibel [4, 6]. Es traten nach Verabreichung des Danazols keine Veränderungen des Blutbildes, der Leber- und Nierenfunktionsparameter auf. Teratogene Eigenschaften wurden bisher nicht beobachtet [4, 6, 10, 13].

Bei *Pubertas praecox* hatten GREENBLATT *et al.* [6] über gute Resultate bei 7 Fällen berichtet. Sie fanden Danazol anderen progestativ bzw. antiöstrogen wirksamen Substanzen überlegen. Auch die Ossifikation sei entsprechend abgebremst worden, und ihr Fortschreiten hätte während der Danazol-Therapie mit dem Fortschreiten des chronologischen Alters übereingestimmt. Sehr viel vorsichtiger äußerten sich kürzlich LEE *et al.* [10], die innerhalb einer Behandlungszeit von 11—24 Monaten an ihren 5 Patienten (3 Mädchen, 2 Knaben, bei Behandlungsbeginn im Alter von $3^9/_{12}$ bis $7^{11}/_{12}$ Jahren) zwar die übliche Besserung an den sekundären Geschlechtsmerkmalen, aber bezüglich des Wachstums keine eindeutige Besserung gesehen haben. Die 4 Beobachtungen von SAENZ DE RODRIGUEZ [13] können unseres Erachtens nicht als positiver Therapieerfolg beurteilt werden, weil es sich um relativ alte Kinder handelte (6—10 Jahre) und eines der wesentlichen Kriterien, die Beschleunigung der Ossifikation, nur in bescheidenem Grade bzw. überhaupt nicht vorhanden war. Auch die Mädchen mit Pubertas praecox, die DMOWSKI nach der ersten Publikation dieser Arbeitsgruppe [6] noch beobachtet hat, sind mit einem Alter von $7^2/_{12}$ bis $9^9/_{12}$ Jahren bei Behandlungsbeginn nur mit Zwang in die Diagnose „echte Pubertas praecox" einzuordnen.

Die von uns in der Patientengruppe Pubertas praecox erzielten Behandlungsergebnisse sind insgesamt wenig befriedigend. Wohl war die Suppression der Sexualhormonwirkungen auf Vaginalblutung und Brustentwicklung bzw. auf Erektion und Spermiogenese einigermaßen zufriedenstellend, aber wie bei den anderen für die Behandlung der Pubertas praecox empfohlenen Präparaten liegen die Hauptschwierigkeiten auch beim Danazol auf dem Gebiet des Längenwachstums und der Knochenreifung. Die Verminderung der Längenwachstumsgeschwindigkeit gegenüber der Vorperiode ohne Behandlung ist in unseren Fällen wohl erkennbar, doch wurde der stürmische Ossifikationsfortschritt in 3 Fällen nicht abgebremst. Der Quotient Knochenalter/chronologisches Alter lag somit weiterhin über 1, womit die insuffiziente Wirkung des Medikamentes auf diesen entscheidenden Entwicklungsparameter dokumentiert wird. Das bei 2 Fällen anschließend gegebene Cyproteronacetat erwies sich jedenfalls in dieser Hinsicht dem Danazol überlegen, womit die relativ günstigen Erfahrungen anderer Autoren [1] eine Bestätigung erfahren.

Die Verwendung des Danazols zur Behandlung der *Pubertätsgynäkomastie* ging von der Erfahrung aus, daß die chronische zystische Mastopathie auf Danazol eine gute Regression zeigte [2, 6]. Ferner war die Überlegung maßgebend, daß die meistens in der Präpubertät auftretende Gynäkomastie mit dem zu diesem Zeitpunkt erfolgenden Anstieg der Gonadotropinsekretion in Zusammenhang stehen dürfte. Die Danazol-Behandlung war bei einem 15jährigen Burschen und 2 Männern mit Gynäkomastie versucht worden [12], und die Brustgröße verringerte sich dabei wesentlich. Auch bei unseren 10- bis 15jährigen Burschen mit hochgradiger Gynäkomastie war in der Mehrzahl der Fälle, wenn auch graduell unterschiedlich, auffallend rasch eine Verkleinerung des Brustdrüsenparenchyms zu beobachten, nämlich innerhalb von 1—3 Monaten nach Behandlungsbeginn. Die von 3 Patienten nach 2—3 Monaten selbständig durchgeführte Unterbrechung der Behandlung führte wieder zur Größenzunahme der Brüste. Dies unterstreicht einerseits die Wirksamkeit des Präparates, anderseits ist es für uns der Anlaß, eine Behandlungsdauer von mindestens 6 Monaten zu empfehlen.

Das Erscheinungsbild der Gynäkomastie ist ätiologisch sehr uneinheitlich (Tab. 2), und die hormonellen Zusammenhänge in der Auslösung der Brustvergrößerung sind ungeklärt. Zweifellos können verschiedene Hormone eine Parenchymzunahme hervorrufen, so auch das Wachstumshormon oder das Testosteron. Gonadotropin kann offenbar über Stimulierung der Östrogenproduktion in den Testes den Mechanismus in Gang setzen, und diese Vorstellung ist für die Pädiatrie in bezug auf die Pubertätsgynäktomastie von Interesse. Bei unseren Patienten lagen die Plasmawerte für E_2 im Durchschnitt etwas über dem Normalbereich; aus einer anderen Studie [8] geht hervor, daß die Östrogenausscheidungen im Urin nicht erhöht gefunden wurden. In unseren Fällen lagen die Ausgangswerte für LH im Plasma im Normalbereich, für das FSH zweimal über der Norm von Kindern am Beginn der Pubertät. Prader [11], der auch auf das Fehlen von typischen hormonalen Veränderungen hinweist, schreibt bezüglich der Therapie ausdrücklich: „Eine hormonale Therapie der Pubertätsgynäkomastie gibt es nicht.“ Tatsächlich bildet sich die Brustdrüsenvergrößerung dieser Burschen in der großen Mehrzahl der Fälle mehr oder weniger schnell und spontan zurück. Weiter Prader: „Zeigen die Brüste keine Spontanrückbildung, so bleibt nur die chirurgische Mammaentfernung übrig. Man wird sich umso schneller dazu entschließen, je schwerwiegender die psychische Rückwirkung der Gynäkomastie ist.“ Aus diesem letzten Satz ergibt sich, daß der eindeutige Bedarf für eine wirksame medikamentöse Behandlung in Fällen mit hochgradiger Ausbildung der Brustvergrößerung besteht. Unseres Erachtens gilt dies auch für den Fall, daß durch eine solche Therapie möglicherweise nur jene Fälle günstig beeinflußt werden, bei denen es später zur Spontanregression kommen würde. Bei der Pubertätsgynäktomastie handelt es sich einerseits um ein häufiges Problem: Nach einer neuen Studie von Kleinschmidt [9] sind rund 16 % aller Knaben im Laufe des Pubertätsablaufes betroffen. Andererseits liegt aber eindeutig auch ein

Tabelle 2. *Vorkommen der Gynäkomastie* (nach Labhart [11])

A) „Physiologische G.“
   1. Neugeborene
   2. Pubertät (transitorisch oder persistierend)

B) G. bei Endokrinopathien
   1. Hypogonadismus (Kastrat, Klinifelter *et al.*)
   2. Testes-Tumoren
   3. NNR-Tumoren
   4. Hyperthyreose
   5. andere

C) G. durch Medikamente
   1. Hormonpräparate (Gonadotropine, Östrogene, Testosteron)
   2. Digitalis
   3. andere (z. B. INH, Dopa, Reserpin)

D) G. bei nicht endokrinen Krankheiten
   Lepra, Leukämie, Bronchus-Ca, Urämie m. chron. Dialyse u. a. m.

E) Familiäre G.

F) „Idiopathische“ G.

„Zeitproblem“ vor, weil die psychischen Konsequenzen für einen Teil der Patienten sehr unangenehm sind, und das um so mehr, je länger sie auf die Spontanregression warten müssen. Es hat den Anschein, daß im Danazol bei dieser medikamentös bisher unbehandelbaren „Krankheit“ ein unter Umständen nützliches Therapeutikum zur Verfügung steht.

Zur *Wirkungsweise* des Danazols im Hormonhaushalt, die vor allem tierexperimentell geklärt zu sein schien, aber dennoch in der Komplexität von Wechselwirkungen verwirrend blieb, konnten wir durch unsere Hormonstudien keinen weiteren Beitrag leisten. Bemerkenswert bleibt, daß trotz einer relativ hohen Dosierung bei unseren Patienten mit Pubertas praecox (die der von Greenblatt beim Erwachsenen verwendeten „hohen“ Dosierung von 800 mg/Tag durchaus vergleichbar ist), keine Verminderung der — primär allerdings nicht nennenswert erhöhten — FSH- und LH-Spiegel festzustellen war. Unsere Erfahrungen stimmen damit weitgehend mit jenen von Lee *et al.* bei Pubertas-praecox-Kindern in ähnlichen Altersstufen überein. Sie fanden keine Veränderungen der FSH-Werte und ungleichmäßiges Verhalten der LH-Werte. Ähnlich war es bei unseren Fällen von Gynäkomastie, bei denen freilich die relativ niedrige Dosierung des Präparates als Erklärung herangezogen werden könnte. Als regelmäßigen Effekt konnten wir, gleichfalls übereinstimmend mit anderen Autoren [10], ein Absinken des Plasma-T bei Pubertas praecox wie bei Gynäkomastie feststellen, im Gegensatz dazu über keine Regelmäßigkeit im Verhalten von Plasma-P und E_2 bei den Pubertas-praecox-Fällen. Bei den Gynäkomastie-Fällen scheint ein Abfall von E_2 in unserem kleinen Kollektiv immerhin erkennbar zu sein. Der transitorische, aber eindeutige Anstieg des P im 1. Behandlungsmonat, speziell in der 1. Woche, ist in seinem Mechanismus ungeklärt. Eine in der Methodik gelegene Ursache konnte weitestgehend ausgeschlossen werden. Was die Ausscheidung der 17-KS im Urin betrifft, so fanden wir ebenso wie andere Autoren [10] unter der Behandlung keine signifikante Veränderung.

Literatur

1. Bossi, E., Zurbrügg, R. P., Joss, E. E.: Improvement of Adult Height Prognosis in Precocious Puberty by Cyproterone Acetate. Acta. Paediat. Scand. **62**, 405 (1973).
2. Bruneteau, D. W., Bernard, J., Greenblatt, R. B.: Clinical Trial of a New Antigonadotropic Agent: Danazol. Gynécologie **25**, 41 (1974).
3. Dmowski, W. P., Scholer, H. F. L., Mahesh, V. B., Greenblatt, R. B.: Danazol — a Synthetic Steroid Derivative With Interesting Physiologic Properties. Fertil. Steril. **22**, 9 (1971).
4. Friedlander, R. L.: The Treatment of Endometriosis With Danazol. J. Reprod. Med. **10**, 197 (1973).
5. Gitsch, E., Spona, J.: Serum-Östradiol im normalen und induzierten menstruellen Zyklus. In: Fortschr. klin. Chem. Enzyme und Hormone (Hrsg. E. Kaiser). Wien 1972.
6. Greenblatt, R. B., Dmowski, W. B., Mahesh, V. B., Scholer, H. F. L.: Clinical Studies With an Antigonadotropin — Danazol. Fertil. Steril. **22**, 6 (1971).
7. Holzer, H., Spona, J., Swoboda, W., Parth, K., Zimprich, H.: Plasma-LH und -FSH beim adrenogenitalen Syndrom. Pädiat. Pädol. **11**, 129 (1976).
8. Jull, J. W., Dossett, J. A.: Hormone Excretion Studies of Gynaecomastia of Puberty. Brit. med. J. **5412**, 795 (1964).
9. Kleinschmidt, H.: Entwicklung der 4—16jährigen Mädchen. pädiat. prax. **17**, 213 (1976).
10. Lee, P. A., Thompson, R. G., Migeon, C. J., Blizzard, R. M.: The Effect of Danazol in Sexual Precocity. J. Hopk. med. J. **137**, 265 (1975).
11. Prader, A.: Wachstum und Entwicklung. In: A. Labhart: Klinik der inneren Sekretion. 2. Aufl. Berlin—Heidelberg—New York: Springer 1971.
12. Rakoff, A. E.: Sitzungsbericht. J. A. M. A. **220**, 178 (1972).
13. Saenz de Rodriguez, C.: Interim Report on Danazol (1972).
14. Sherins, R. J., Gandy, H. M., Thorslund, T. W., Paulsen, C. A.: Pituitary and Testicular Function Studies. I. Experience With a New Gonadal Inhibitor: Danazol. J. Clin. Endocr. Metab. **32**, 522 (1971).
15. Spona, J.: Rapid Assay for LH and Evaluation of Data by a New Computer Program. In: Radioimmunoassay and Related Procedures in Medicine. Vol. 1, I. A. E. A. Vienna (1974).
16. Spona, J., Matt, K., Schneider, W. H. F.: Study on the Action of D-Norgestrol as a Post-coital Contraceptive Agent. Contraception **11**, 31 (1975).

Unterdessen erschien eine Arbeit über erfolgreiche Behandlung der Pubertätsgynäkomastie mit Clomiphen [Stepanas *et al.*, J. Pediat. **90**, 651 (1977)].

Anschrift des Verfassers: Univ.-Prof. Dr. Walter Swoboda, Ludwig-Boltzmann-Institut für pädiatrische Endokrinologie, Schrankenberggasse 31, A-1100 Wien, Österreich.

Pädiatrie und Pädologie, Suppl. 5, 121—128 (1977)

Response of Gonadotropins to Stimulation With Luteinizing Hormone — Releasing Hormone (LH-RH) in Children With Precocious Puberty Before, During and Following Therapy With Cyproterone Acetate or an Ethisterone Derivate

By

H. Frisch, P. Kemeter, and I. Steinert

From the Universitäts-Kinderklinik
(Head: Prof. Dr. H. Asperger)

and the II. Universitäts-Frauenklinik, Vienna
(Head: Prof. Dr. H. Husslein)

Summary

9 children with precocious puberty were treated over a period of 6 months to $6^3/_{12}$ years with Cyproteron acetate or an Ethisterone derivate. LH-RH tests with radioimmunological estimations of LH and FSH were performed before therapy was begun, during and after completion of treatment. In children with untreated precocious puberty the mean basal *LH* levels were the same as in normal prepubertal children but the increase and the peak values after i.v. LH-RH were found to be considerably greater than in normals. In the treated patients this stimulatable LH release was suppressed; after completion of therapy it was again elevated.

The basal *FSH* levels in untreated children were elevated; however the increase and the peak values were comparable to the collective norm. Results were not altered considerably by therapy; however these parameters were again elevated after completion of therapy.

Despite the marked suppression of stimulatable LH by therapy acceleration of bone age is practically not affected. After completion of therapy this drug-induced suppression of gonadotropines is promptly reversible.

Introduction

In recent years luteinising hormone releasing hormone (LH-RH) has made important contributions to our understanding of disorders of the hypothalamo-pituitary-gonadal axis.

However, the cause of idiopathic precocious puberty has not yet been discovered. It is known that the hypothalamo-pituitary-gonadal axis is prematurely raised to a higher level of activity. The aim of this study using LH-RH was to examine whether the pituitary would react with an increased gonadotropin excretion such as occurs physiologically at the time of puberty [13, 14, 2].

In addition one should investigate what influence the gestagen preparations used in the treatment of precocious puberty have on the pituitary gonadotropin reserve. In our experience such treatment leads to good results

Table 1. *Chronological Age, Bone Age and Secondary Sex Characteristics in 9 Children With Precocious Puberty at the Time of Diagnosis*

Chronological age and bone age at the time of LH-RH test. Time of LH-RH test in relation to duration of therapy. Type of drug used and its initial dosage. O. O. is a boy, all others are girls.

	At diagnosis					
	CA*	BA*	Breast	Pub. hair	mens.	Testes
M. S.	2	2 6/12	II	0	+	—
U. S.	2 3/12	3 6/12	III	0	+	—
S. J.	2 9/12	8	II	I	+	—
M. A.	2 10/12	6 10/12	III	II	0	—
R. H.	4 6/12	7	I	0	+	—
I. B.	6 10/12	10 6/12	I	I	0	—
G. S.	7 6/12	11	II	II	+	—
S. D.	7 8/12	8 6/12	III	II	+	—
O. O.	10 3/12	13 3/12	—	V	—	12 ml

	At LH-RH test				
	CA*	BA*	Therapy;	duration	Type and dosage of drug*
M. S.	6 9/12	11	during;	4 3/12 yrs.	30 mg/m², C
U. S.	2 3/12	3 6/12	before		160 mg/m², D
	3 6/12	5	during;	10 mths.	
S. J.	9 9/12	14	after;	4 mths.	60 mg/m², C
M. A.	2 10/12	6 10/12	before		120 mg/m², D
R. H.	7 3/12	10 9/12	during;	2 yrs.	120 mg/m², C
I. B.	8 5/12	11 6/12	before		no
G. S.	7 6/12	11	before		50 mg/m², C
S. D.	9 10/12	11	during;	1 year	
	10 8/12	12	after;	6 mths.	80 mg/m², C
O. O.	10 3/12	13 3/12	before		no

* CA: chronol. age; BA: bone age (in years)
C: Cyproterone acetate; D: Danazole

as regards regression of secondary sex characteristics but the advanced bone age and increased body length are practically unaffected [7].

Finally we wanted to see if and how quickly after stopping long term treatment with such preparations a possible suppression of gonadotropin secretion recovered.

Patients and Methods

The patients consisted of 9 children with idiopathic precocious puberty; 8 girls and 1 boy (Tab. 1). Bone age [8], chronological age, and the stage of sexual development according to TANNER [17] at the time of diagnosis are shown in the first part of the figure: the chronological age was between 2 and 10 years, the bone age was markedly increased in all cases. As the development of secondary sex characteristics in precocious puberty is often dissociated the individual parameters are shown separately. Further chronological and bone age at the time of the LH-RH test are shown.

The test was performed 5 times at diagnosis, that is before treatment was started, 4 times during treatment and twice after treatment had been stopped for 4 and 6 months respectively. 5 children were treated with the anti-androgenic gestagen, cyproterone acetate (Androcur®, Schering), in an initial dose of 30—120 mg/m². In 3 of these children the LH-RH test was performed after treatment periods of 1 year, 2 years and $4^{3}/_{12}$ respectively. 2 probands received the ethisterone derivate, Danazole® (Winthrop), in a dose of 120—160 mg/m², in 1 of these cases an LH-RH test was performed after 10 months of treatment.

The LH-RH test was done in the following way [6, 9]. Base values for LH and FSH were determined at 15 minutes intervals for 1 hour to determine spontaneous variations. After rapid intravenous administration of 25 μg LH-RH* 5 blood samples were taken during the following hour at 10, 20, 30, 45 and 60 minutes. Then a second stimulation with 100 μg LH-RH was given and in the following two hours 7 blood samples were taken at 10, 20, 30, 45, 60, 90 and 120 minutes.

The LH and FSH determinations were done according to Franchimont's [5] double antibody method.

Control and Results

The *control group* consisted of 4 girls and 4 boys in the prepubertal age group in whom the LH-RH tests were performed in the same way. The base

Table 2. *Base Values and Peak Values of LH and FSH After 25 μg and 100 μg LH-RH in 4 Normal Prepubertal Boys and Girls*

Controls, $\bar{X} \pm SD$ μg LH-RH	boys ($n=4$)	girls ($n=4$)	
0	2,51 ± 0,64	1,88 ± 1,15	mU/ml LH
Peak 25	6,15 ± 2,27	3,5 ± 2,05	
Peak 100	7,95 ± 5,13	3,9 ± 1,3	
0	2,19 ± 1,03	1,67 ± 0,24	FSH mU/ml
Peak 25	4,05 ± 1,36	8,1 ± 6,6	
Peak 100	4,95 ± 2,05	15,0 ± 10,8	

values and peak values of luteinising hormone (LH) and follicle stimulating hormone (FSH) after 25 μg and 100 μg LH-RH respectively are shown in Tab. 2 and 4. We were able to confirm the observations of other authors

* The LH-RH was kindly supplied by Hoechst - Austria.

[3, 12], who found that after LH-RH application the LH-increase was higher in boys whereas in girls FSH showed a greater increase. The results from our one boy patient are compared separately because of this.

Precocious Puberty

LH (Tab. 3 and 4)

The base values of the *untreated precocious puberty* cases were no different from those of the controls but following stimulation there was a more marked rise in the mean values. On account of the broad scattering of the values this difference showed only a tendency towards significance in the statistical evaluation.

Table 3. *Base Values and Peak Values of LH and FSH After 25 μg and 100 μg LH-RH in Children With Precocious Puberty Before, During and After Therapy*

	Precocious puberty; $\bar{X} \pm SD$				
	before therapy		during therapy	after therapy	
μg LH-RH	girls $n=4$	boy $n=1$	girls $n=4$	girls $n=2$	
0	2,46 ± 1,02	1,1	1,94 ± 0,77	7,05 ± 2,75	LH mU/ml
Peak 25	21,02 ± 28,9	11,8	6,1 ± 4,73	19 ± 2,54	
Peak 100	24,3 ± 27,0	12,4	7,65 ± 5,95	37,25 ± 13,78	
0	4,33 ± 2,32	4,2	6,5 ± 6,12	12,03 ± 14,09	FSH mU/ml
Peak 25	10,8 ± 6,58	8,2	12,45 ± 7,73	15,2 ± 14,56	
Peak 100	14,5 ± 8,55	8,9	17,77 ± 8,71	26,8 ± 18,66	

The base values of the *treated group* differed neither from the group of untreated precocious puberty cases nor from the controls. After stimulation the increase was still greater than in the control group but definitely lower than in the untreated precocious puberty cases.

In the cases in which the LH-RH test was performed *after treatment* the base values were significantly elevated in comparison with the controls, $p<0.01$. The stimulation values were again markedly raised and were similar to those of the pretreatment group.

In the one boy who was only investigated before treatment the base values were also similar to the male controls but the poststimulation values were raised.

FSH

In contrast to the LH results the FSH base values in the *pre-treatment group* were raised in comparison with the controls whereas following stimulation there was the same increment. *During treatment* the FSH, in contrast to LH, was neither reduced in the base values nor after stimulation. However *after treatment* there were raised base levels and raised release of FSH and there was also a trend towards significance in comparison with the control group.

In the boy in the pre-treatment group there were higher base levels and a greater FSH response to stimulation as compared with the controls.

Table 4. *Base Values and Peak Values of LH and FSH After 25 μg and 100 μg LH-RH in Children With Precocious Puberty Before (----), During (····) and After (-·-·-) Therapy Controls (———)*

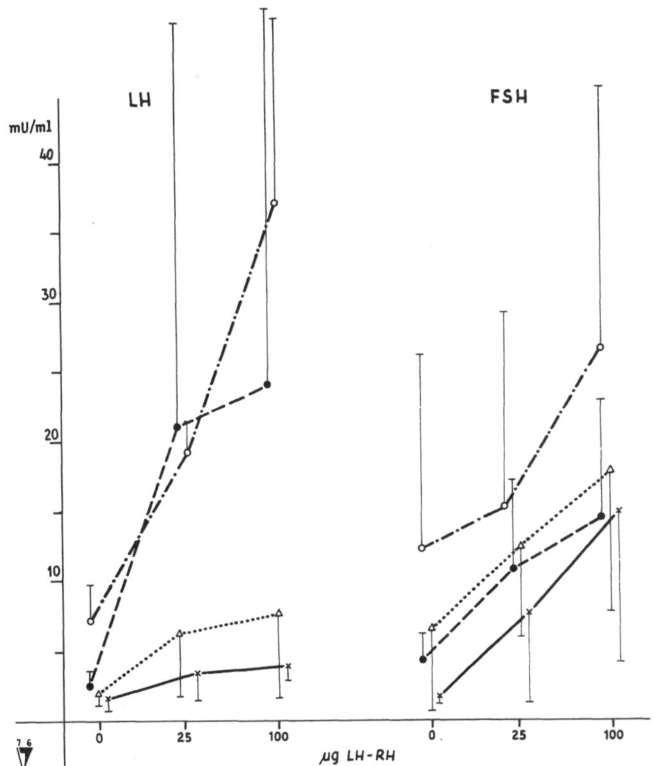

Discussion

As recent studies have already shown LH-RH leads to a greater increase of LH in pubertal than in pre-pubertal children [3, 13]. This increase in the release of LH at the time of puberty was explained as the result of a raised production of hypothalamic LH-RH due to the reduced sensitivity of the gonadostat to the influence of the negative feed-back mechanism of gonadal sex steroids [14, 18]. The normal LH base values of our untreated precocious puberty cases, which were comparabel with the control group, and the markedly raised post-stimulation values demonstrate an increased secretion of readily releasable LH after LH-RH stimulation, as it also was observed at the beginning of normal puberty [3].

FSH did not show increased post-stimulation values in precocious puberty as compared with controls; this has also been observed by other authors and might be indicative for LH playing the main role in the premature activation of puberty [15]. In any case the evaluation of gonadotropin *base values* alone is of no differential diagnostic help in precocious puberty.

During treatment of precocious puberty with gestagenic drugs a definite reduction in the peak value and of the maximum increase of LH could be seen but not however of FSH. This treatment-induced LH-suppression is immediately reversible after cessation of treatment and an increase in sensitivity to stimulation occurs. In one patient in whom the LH-RH test was performed one month as well as four months after stopping treatment there was a much larger response to stimulation in the first test than in the second test three months later. It appears that after removal of the gestagenic inhibition a form of rebound effect occurs in the gonadotropines which then adjusts itself. Further evidence for this theory is that the base values after stopping treatment are higher than in any other group. Thus the preparations used at present to treat precocious puberty, cyproterone acetate and danazol, lead to reduction of LH-RH stimulated LH release which however is promptly reversible after stopping such treatment. This demonstrates the change of pituitary sensitivity in precocious puberty as well as the action of these drugs on the pituitary gland [4].

We found no correlation between the gonadotropin levels and the actual bone age. On the other hand we found a parallel between the height of the LH peak after stimulation and the advance in bone age over chronological age. As the LH and FSH increase fellowing LH-RH administation generally reflects the functional state of the hypothalamo-pituitary-gonadol axis [6, 9, 10], it seems reasonable to use LH-RH tests likewise for assessing the progress of puberty. By this means the LH-RH induced LH increase would be a good and useful measure for evaluating the state of precocious puberty.

It is assumed that there are different "degrees" of precocious puberty, reflected in the advancement of BA over CA and in the height of stimulatable LH.

According to the theory of YEN [19, 20] pituitary LH exists in two pools. The first pool is assumed to represent the acute releasable pool whereas the second might be the reserve pool. Estimation of the reserve pool requires a more prolonged LH-RH stimulation either in the form of repeated injections or by infusion. In attempting to measure both the acute and the reserve pool (that means in our opinion storage as well as production rate) a double stimulation test was performed.

In one child the increased LH rise of the gonadotropins occured only after the second stimulation with 100 μg LH-RH which enabled a differentiation from the controls.

Both in the control group and in all 3 patient groups with precocious puberty both LH and FSH showed higher values after stimulation with 100 μg LH-RH than after stimulation with 25 μg [16].

This was most marked in the group of precocious puberty after cessation of treatment. Owing to the varying sizes of the children no exact comparison of the dose dependant release of gonadotropin after stimulation could be made.

A clearcut difference was found in the time of maximal LH and FSH increment after LH-RH application in precocious puberty. The mean maximal increment after 25 μg LH-RH occured in LH after 30′ and in FSH after 40′; following 100 μg LH-RH the LH peak appeared after 40′ and the FSH peak after 80′ respectively.

Together with the much higher LH release mentioned above this might indicate a higher sensitivity of LH secreting cells to releasing hormone or different mechanisms in gonadotropin release [11].

References

1. BREMNER, W., PAULSEN, C. A.: Two Pools of Luteinizing Hormone in the Human Pituitary: Evidence From Constant Administration of LH-RH. J. Clin. Endocrin. Metab. **39**, 811—815 (1974).
2. BUTENANDT, O., SOUVATZOGLU, A.: Luteinisierendes Hormon im Serum gesunder Kinder und bei Pubertas praecox. Mschr. Kinderheilk. **121**, 473—474 (1973).
3. DICKERMANN, Z., PRAGER, R., LARON, Z.: Response of Plasma LH and FSH to Synthetic LH-RH in Children at Various Pubertal Stages. Amer. J. Dis. Child. **130**, 634—638 (1976).
4. DONALD, R. A., ESPINER, E. A., COWLES, R. J., FAZACKERLEY, J. E.: The Effect of Cyproterone Acetate on the Plasma Gonadotrophin Response to Gonadotrophin Releasing Hormone. Acta Endocr. **81**, 680—684 (1976).
5. FRANCHIMONT, P.: Le dosage radioimmunologique des gonadotrophins. Ann. Endocr. (Paris) **29**, 403 (1968).
6. FRIEDRICH, F.: Klinik der Gelbkörperfunktion. Wien — München — Bern: Wilhelm-Maudrich-Verlag 1975.
7. FRISCH, H.: Treatment of Idiopathic Precocious Puberty in Four Girls With an Antiandrogene. XIV Int. Congress of Pediatrics, Abstract p. 111. Buenos Aires (1974).
8. GREULICH, W. W., PYLE, S. I.: Radiographic Atlas of the Skeletal Development of the Hand and Wrist. Ed. 2. Stanford: Stanford Univ. Press 1959.
9. KEMETER, P., FRIEDRICH, F.: Funktionsteste bei Amenorrhoe. 7. Fortbildungskurs der II. Universitäts-Frauenklinik, Wien, 3. bis 8. 2. 1975 (Hrsg. H. HUSSLEIN, A. SCHALLER), Abstrakt S. 43 (1975).
10. KEMETER, P.: Die Endokrinologie der Pubertät. 8. Fortbildungskurs der II. Universitäts-Frauenklinik, Wien, 2. bis 7. 2. 1976 (Hrsg. H. HUSSLEIN, A. SCHALLER), Abstrakt S. 17 (1976).
11. MARTINI, L.: Central Nervous Influences on Gonadal Functions. Acta Endocr. **155** (Suppl.), 44 (1974).
12. REITER, E. O., KAPLAN, S. L., CONTE, F. A., GRUMBACH, M. M.: Responsibility of Pituitary Gonadotropes to Luteinizing Hormone-Releasing Factor in Idiopathic Precocious Puberty, Precocious Thelarche, Precocious Adrenarche, and in Patients Treated With Medroxyprogesteron Acetate. Pediat. Res. **9**, 111—116 (1975).
13. ROTH, J. C., GRUMBACH, M. M., KAPLAN, S. L.: Effect of Synthetic Luteinizing Hormone-Releasing Factor on Serum Testosterone and Gonadotropin in Pubertal and Adults Males. J. Clin. Endocr. Metab. **37**, 680 (1973).

14. ROTH, J. C., KELCH, R. D., KAPLAN, S. L., GRUMBACH, M. M.: FSH and LH Response to Luteinizing Hormone Releasing Factor in Prepubertal and Pubertal Children, Adult Males and Patients With Hypogonadotropic and Hypergonadotropic Hypogonadism. J. Clin. Endocr. Metab. 35, 926 (1972).

15. SCHREINER, W. E.: In: Klinik der inneren Sekretion (Hrsg. A. LABHART). Berlin—Heidelberg—New York: Springer 1971.

16. SOLBACH, H. G., WIEGELMANN, W., KLEY, H. K., ZIMMERMANN, H., KRÜSKEMPER, H. L.: Die diagnostische Bedeutung des synthetischen LH-RH für die Überprüfung der gonadotropen Funktion des Hypophysenvorderlappens. Dtsch. med. Wschr. 98, 2114—2119 (1973).

17. TANNER, J. M.: Growth at Adolescence. 2nd Ed. Oxford: Blackwell Sci. Publ. 1962.

18. WINTER, J. S. D.: Analysis of Clinical Studies With LH-RH in Children and Adolescents. Amer. J. Dis. Child. **130**, 590—592 (1976).

19. YEN, S. S. C., LASLEY, B. L., WANG, C. F., LEBLANC, H., SILER, T. M.: The Operating Characterstics of the Hypothalamic-Pituitary System During the Menstrual Cycle and Observations of Biological Action of Somatostatin. Rec. Prog. Horm. Res. 31, 321 (1975).

20. YEN, S. S. C.: Hypothalamic Control and Ovarian Modulation of Gonadotropin Release by the Adenohypophysis. Serono Symposia Firenze 7. to 9. 10. 1975, Abstract by Serono.

Authors' address: Oberarzt Dr. HERWIG FRISCH, Universitäts-Kinderklinik, Währinger Gürtel 74-76, A-1090 Wien, Austria.

Pädiatrie und Pädologie, Suppl. 5, 129—134 (1977)

Möglichkeit einer TSH-Screening-Methode zur Entdeckung der Hypothyreose bei Neugeborenen*

Von

R. Illig und C. Rodriguez de Vera Roda**

Aus der Universitäts-Kinderklinik, Zürich, Schweiz

Mit 3 Abbildungen

Summary

Possibility of a TSH-Screening Method for Detection of Hypothyroidism in the Newborn

In congenital hypothyroidism the TSH level reaches at age 5 days values about 100-times of the normal. Due to this fact, and having a good RIA-method for TSH in the own lab at hand, the possibility of TSH-determination in dried whole-blood on a filter-paper was examined. Control studies with normal blood-samples proved that the values of dried-blood samples had sufficient accuracy. On the 5th day of life the normal TSH-values were below 20 μU/ml while values above 100 μU/ml were suspicious for hypothyroidism. In 1200 newborns the TSH-screening was performed in combination with the routine Guthrie-test. Among them one child with a value above 100 μU/ml proved to have hypothyroidism. The results show that the determination of TSH in dried blood is possible, and that the method described is a useful tool for the early diagnosis of primary hypothyroidism.

Nachuntersuchungen von Patienten mit primärer Hypothyreose haben gezeigt, daß die geistige Entwicklung um so besser ist, je früher behandelt wird: Kinder, bei denen die Substitution mit Thyreoidea-Hormonen erst nach dem 3. Lebensmonat begonnen wurde, wiesen deutlich schlechtere Intelligenz-Leistungen auf als die frühbehandelten [1—3]. Der Mangel an Thyreoidea-Hormonen verursacht wahrscheinlich in frühen kritischen Entwicklungsphasen — ähnlich wie bei Versuchstieren — auch beim Menschen irreversible Hirnschädigungen, so daß der geistige Entwicklungsrückstand auch bei optimaler Therapie später nicht mehr aufgeholt werden kann.

---

* Vortrag, gehalten am Symposium über „Aktuelle Probleme der pädiatrischen Endokrinologie". Wien, 28. 9. 1976.

** C. Rodriguez de Vera Roda aus Malaga, Spanien, ist Stipendiatin der Roche-Studienstiftung.

Deshalb ist die frühe Erkennung der Hypothyreose von großer Bedeutung, was leider während der ersten Lebenswochen und -monate oft recht schwierig ist. So wurde bei einem unserer Patienten die Diagnose erst im Alter von 5 Monaten gestellt, als bereits ein deutlicher Entwicklungsrückstand vorlag; das Kind wurde von verschiedenen Ärzten wegen eines kavernösen Hämangioms untersucht; eine Krankenschwester, der die tiefe, heisere Stimme auffiel, schöpfte Verdacht auf eine Hypothyreose, die dann durch die Hormonuntersuchungen im Plasma bestätigt wurde: das Thyroxin war extrem tief und das Thyreoidea-stimulierende Hormon (TSH) im Plasma stark erhöht. Bei einem anderen Säugling waren wir von der Diagnose einer Hypothyreose überzeugt: er hatte das typische Aussehen und einen Ikterus prolongatus, war trinkfaul und schläfrig. Die Hormonuntersuchungen fielen jedoch normal aus; die gute körperliche und geistige Entwicklung während des ersten Lebensjahres bestätigte die Richtigkeit der Laborbefunde.

Diese beiden Beispiele zeigen, daß die klinische Symptomatik in den ersten Lebensmonaten oft im Stich läßt, während es möglich ist, mit Hilfe von Hor-

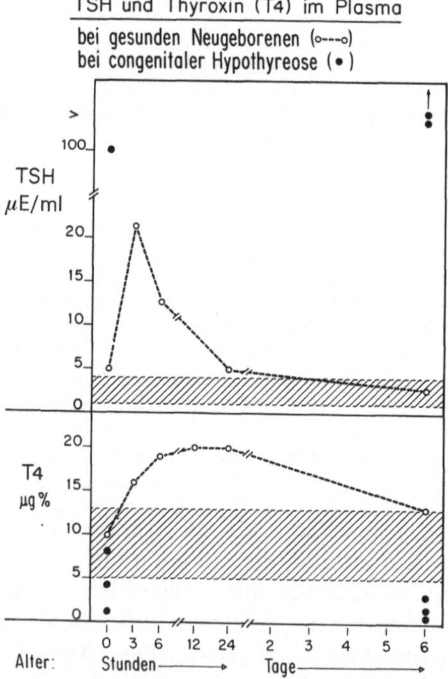

Abb. 1. Halbschematische Darstellung des Verhaltens von Plasma-TSH und Thyroxin bei gesunden Neugeborenen und bei kongenitaler primärer Hypothyreose

monuntersuchungen die primäre Hypothyreose bereits in den ersten Lebenstagen mit großer Sicherheit zu diagnostizieren oder auszuschließen.

Abb. 1 zeigt in halbschematischer Darstellung die Plasmakonzentrationen von Thyroxin und TSH bei normalen Neugeborenen und bei Säuglingen mit angeborener Hypothyreose (nach Resultaten [4, 5]). Das Plasma-Thyroxin steigt nach der Geburt langsam an und erreicht in den ersten Lebenstagen Werte, die deutlich oberhalb des Normalbereichs des späteren Lebens liegen. Das TSH zeigt kurze Zeit nach der Geburt eine Sekretionsspitze, um bald auf die normal niedrigen Werte abzufallen.

Bei der kongenitalen Hypothyreose ist das TSH schon im Nabelschnurblut stark erhöht und steigt bis zum 5. Tag weiter an, auf Werte, die 100mal höher als normal sind. Das Thyroxin dagegen kann bei der Geburt noch im unteren Normalbereich liegen und fällt erst in den folgenden Tagen auf pathologisch niedrige Werte ab.

Auf der Grundlage dieser eindeutigen Hormonveränderungen wurden in Kanada und den USA Massen-Screening-Untersuchungen zur Früherfassung der kongenitalen Hypothyreose eingeleitet und in anderen Ländern die Reihenuntersuchung von Neugeborenen geplant [7—13]. Dabei wurde TSH im Nabelschnurblut oder aber Thyroxin bzw. TSH in getrockneten Blutstropfen gemessen. Bei dieser letztgenannten Methode werden, ähnlich wie beim Guthrie-Test zur Entdeckung angeborener Stoffwechselerkrankungen, einige Blutstropfen aus der Ferse auf Filterpapier aufgetragen und getrocknet und die Hormonbestimmung durch Inkubation eines Filterpapierscheibchens durchgeführt.

Obwohl bisher die meisten Untersucher-Gruppen die T_4-Bestimmung als Screening-Methode bevorzugen, haben wir uns aus folgenden Gründen zum Nachweis des TSH entschlossen:

1. ist der Unterschied zwischen der normalen Plasma-Konzentration und den pathologischen Werten sehr groß, so daß mit wenig falsch-positiven Resultaten gerechnet werden muß; 2. ist es leichter, hohe Konzentrationen sicher und genau zu messen als niedrige wie beim Thyroxin; 3. steht uns im Proteinhormon-Labor des Kinderspitals ein zuverlässiger und empfindlicher Radioimmunoassay für TSH zur Verfügung [6].

In Voruntersuchungen haben wir zunächst die *Extraktion des TSH* aus dem Filterpapier geprüft, die nach 2—3 Stunden vollständig zu sein scheint (Abb. 2).

Weiterhin haben wir die *Stabilität des TSH* geprüft: Die TSH-Konzentration in getrocknetem Patientenblut war nach 2wöchiger Lagerung bei Zimmertemperatur sowie nach 4monatiger Aufbewahrung im Kühlschrank unverändert. Das Standard-TSH, das in verschiedenen Konzentrationen in Blut gelöst und ebenfalls auf Filterpapier getrocknet wurde, war über mehrere Monate stabil.

Die *unterste Nachweisgrenze des TSH* liegt wegen der geringen Blutmenge, die uns in den Filterpapier-Scheibchen zur Inkubation zur Verfügung steht, und wegen der verkürzten Inkubationszeit nur bei 10 bzw. 20 μE/ml. Obwohl diese Empfindlichkeit deutlich geringer ist als diejenige des Plasma-TSH, dürfte sie für die Screening-Methode ausreichen, da bei Kindern mit primärer Hypothyreose TSH-Werte von >100 μE/ml zu erwarten sind (Abb. 2).

Da die in den Filterpapier-Scheibchen enthaltene Blutmenge erfahrungsgemäß nicht immer gleich groß ist, würde eine auf der Standardkurve exakt abgelesene TSH-Konzentration eine nicht existierende Genauigkeit vortäuschen. Wir bevorzugen es deshalb, die Resultate als Konzentrationsbereiche anzugeben (<20, 20—50, 50—100, >100 μE/ml Blut).

Um die Richtigkeit der mit unserer neuen Methode erhaltenen Resultate überprüfen zu können, haben wir bei 100 Patienten das TSH sowohl im Plas-

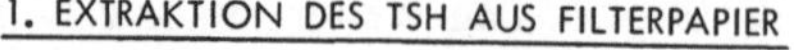

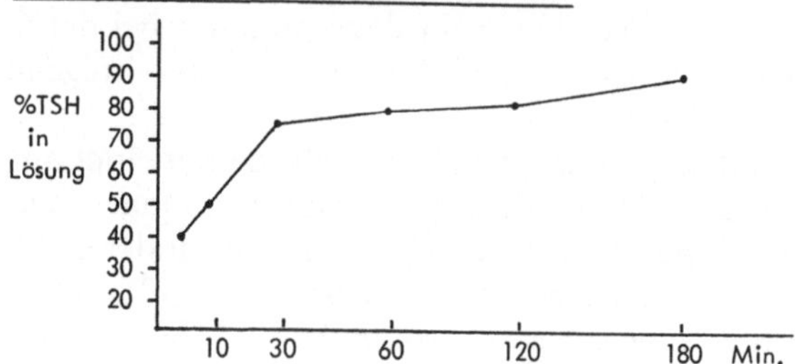

2. STABILITÄT DES TSH in getrocknetem Blutstropfen

bei 20° : mindestens 2 Wochen
bei 4° : mindestens 1 Monat

3. EMPFINDLICHKEIT DER METHODE (= untere Nachweisgrenze)

	Menge	Inkubationszeit	TSH / ml
Blut auf Filterpapier	10 μl	36 Std.	20 μE
Plasma	100 μl	5 Tage	0.5 μE

Abb. 2. Methodische Daten für die radioimmunologische Bestimmung von TSH aus Blutstropfen, die auf Filterpapier getrocknet wurden

ma als auch aus den getrockneten Blutstropfen bestimmt. Die Resultate beider Bestimmungsmethoden (Abb. 3) zeigen eine gute Übereinstimmung, ganz besonders in den Proben mit hohem TSH, die von Patienten mit unbehandelter primärer Hyperthyreose stammen.

Tabelle 1. *TSH-Nachweis in getrocknetem Blut*

Untersuchung von Neugeborenen	TSH im Blut (Filterpapiermethode) μE/ml <20	20—50	50—100	>100
1. Lebenstag	56	16	—	—
Guthrie-Test (6. Lebenstag)	1194	4	—	2*

* Fall 1: Guthrie-Test am 1. Lebenstag wegen Blutaustausch
Fall 2: congenitale Struma

In Zusammenarbeit mit der Frauenklinik haben wir bei 72 Neugeborenen Blut während der ersten 8 Lebensstunden abgenommen. Wir fanden bei 56 Kindern TSH-Werte von <20μE/ml; bei 16 Fällen lag das TSH zwischen 20 und 50 μE/ml (Tab. 1). Es ist anzunehmen, daß wir damit die Sekretionsspitze der ersten Lebensstunden erfaßt haben, da dieselben Kinder am 6. Lebenstag, zur Zeit der Guthrie-Tests, TSH-Werte von <20 μE/ml hatten.

Außerdem haben wir bis jetzt bei 1200 Kindern die TSH-Bestimmung im Rahmen der Reihenuntersuchungen auf Phenylketonurie (PKU) durchgeführt. Das Untersuchungsmaterial erhielten wir vom Guthrie-Labor des Kinderspitals, das uns Filterpapierkärtchen des Stoffwechsel-Screening-Tests mit

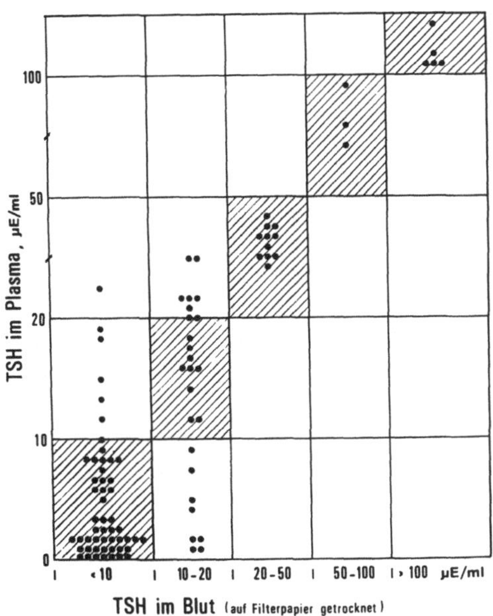

Abb. 3. TSH-Bestimmung aus getrockneten Blutstropfen im Vergleich zu Plasma-TSH-Werten: Resultate von 100 Patienten, bei denen TSH mit beiden Methoden gemessen wurde

nicht verwendeten Blutstropfen überließ. 1198 Kinder hatten Resultate, mit denen eine Hpyothyreose mit Sicherheit ausgeschlossen werden konnte (Tab. 1). Bei 2 Säuglingen fanden wir TSH-Konzentrationen von $>100\,\mu$E/ml. Es stellte sich heraus, daß bei einem dieser Kinder der Guthrie-Test nicht wie üblich am 6. Tag, sondern vorschriftsgemäß schon vor einer Austauschtransfusion abgenommen wurde, die am 1. Lebenstag stattfand. Die Wiederholung der TSH-Untersuchung am 5. Tag ergab ein normales Resultat. Beim anderen Säugling, der am 5. Tag einen pathologisch erhöhten TSH-Wert hatte, lag eine primäre Hypothyreose vor, die allerdings wegen einer Struma congenita bereits klinisch vermutet wurde.

Unsere Resultate zeigen, daß die Bestimmung von TSH aus getrockneten Blutstropfen möglich ist und eine brauchbare Methode zur Früherkennung der primären Hypothyreose darstellt. Folgende Gründe sprechen dafür, alle Neugeborenen mit Hilfe dieses Tests auf das Vorliegen einer angeborenen Hypothyreose zu untersuchen:

1. die relative Häufigkeit der kongenitalen Hypothyreose, die auf 1 : 3000 bis 1 : 7000 geschätzt wird;

2. der Gewinn für die geistige Entwicklung eines hypothyreoten Kindes, der von einem möglichst frühen Beginn der Therapie zu erwarten ist; und

3. die Möglichkeit, Blut für diese Untersuchung in Verbindung mit der Reihenuntersuchung auf PKU zu erhalten, die in vielen Ländern routinemäßig durchgeführt wird und bei der in der Schweiz nahezu 100 % aller Neugeborenen erfaßt werden.

Danksagung

Mit Unterstützung des Schweizerischen Nationalfonds zur Förderung der wissenschaftlichen Forschung Nr. 3.422.0.74.

Literatur

1. RAITI, S., NEWNS, G. H.: Cretinism: Early Diagnosis and Its Relation to Mental Prognosis. Arch. Dis. Childh. **46,** 692 (1971).
2. MAN, E. B., MERMANN, A. C., COOKE, R. E.: The Development of Children With Congenital Hypothyroidism. J. Pediat. **63,** 926 (1963).
3. KLEIN, A. H., MELTZER, S., KENNY, F. M., Improved Prognosis in Congenital Hypothyroidism Treated Before Age Three Months. J. Pediat. **81,** 912 (1972).
4. FISHER, D. A., ODELL, W. D: Acute Release of Thyrotropin in the Newborn. J. Clin. Invest. **48,** 1670 (1969).
5. SIMILA, S., KOIVISTO, M., RANTA, T., LEPPÄLUOTO, J., REINILÄ, M., HAAPALAHTI, J.: Serum Tri-Iodothyronine, Thyroxine, and Thyrotrophin Concentrations in Newborns During the First 2 Days of Life. Arch. Dis. Childh. **50,** 565 (1975).
6. ILLIG, R., KRAWCZYNSKA, H., TORRESANI, T., PRADER, A.: Elevated Plasma TSH and Hypothyroidism in Children With Hypothalamic Hypopituitarism. J. Clin. Endocrin. Metab. **41,** 722 (1975).
7. KLEIN, A. H., AUGUSTIN, A. V., FOLEY, T. P.: Successful Laboratory Screening for Congenital Hypothyroidism. Lancet II, 77 (1974).
8. DUSSAULT, J. H., COULOMBE, P., LABERGE, C., LETARTE, J., GUYDA, H., KHOURY, K.: Preliminary Report on a Mass Screening Program for Neonatal Hypothyroidism. J. Pediat. **86,** 670 (1975).
9. DUTAU, G., AUGIER, D., BAYARD, F., ROCHICCIOLI, F.: Dosage radioimmunologique de la thyroxine dans l'eluat de sang sèche prélevé sur papier buvard. Arch. Franç. Ped. **32,** 957 (1975).
10. LARSEN, P. R., BROSKIN, K.: Thyroxine (T_4) Immunoassay Using Filter Paper Blood Samples for Screening of Neonates for Hypothyroidism. Pediat. Res. **9,** 604 (1975).
11. WALFISH, P. G.: Evaluation of Three Thyroid-function Screening Tests for Detecting Neonatal Hypothyroidism. Lancet I, 1208 (1976).
12. IRIE, M., ENOMOTO, K., NARUSE, H.: Measurement of Thyroid-stimulating Hormone in Dried Blood Spot. Lancet II, 1233 (1975).
13. ZABRANSKY, S.: Neugeborenen-Screening auf angeborene Hypothyreose. München: Urban und Schwarzenberg (in Druck).

Anschrift der Verfasser: Priv.-Doz. Dr. RUTH ILLIG, Universitäts-Kinderklinik, Steinwiesstraße 75, CH-8032 Zürich, Schweiz.

Pädiatrie und Pädologie, Suppl. 5, 135—143 (1977)

Hypothyreosescreening bei Neugeborenen mit einem Gesamtthyroxin (T4) Radioimmunoassay

Von

H. Fritzsche, M. Weissel, R. Höfer, H. Frisch, O. Thalhammer und H. Kolbe

Aus dem Ludwig-Boltzmann-Institut für Nuklearmedizin, der II. Medizinischen Universitäts-Klinik und der Universitäts-Kinderklinik, Wien

Mit 3 Abbildungen

Summary

Screening for Hypothyroidism in the Newborn With a Total T 4-RIA Method

A screening method for detection of congenital hypothyroidism is presented in detail in cooperation with the "Austrian Program for Inborn Errors of Metabolism". Screening is performed by measuring the total T 4-content of 1/8 inch filter paper dots filled with dried blood of newborns. The strategy for recall of newborns with borderline or pathological T 4-values used, results in a definite diagnosis on day 55 of life. The advantages of additional TSH determination in the filter paper dots are discussed. So far (Sept. 1976) 8645 newborns have been investigated, covering the regions of Vienna and Carinthia (Austria). Preliminary studies reveal a slight dependency of the measured T 4-values on the day of sampling. Two congenitally hypothyroid children have been diagnosed so far, corresponding fairly well with the reported frequency in the literature (1 : 6000).

Für den Einsatz eines Screenings zur Erfassung der angeborenen Hypothyreose spricht eine Reihe bedeutsamer Argumente. Die Schilddrüsenhormone sind für das postnatale Wachstum, besonders für die Entwicklung des Gehirns und Skeletts, unentbehrlich. Die bei Hormonmangel beobachteten Schäden können jedoch durch eine entsprechende Substitutionstherapie, die vor dem 3. Lebensmonat einsetzt, viermieden werden [12, 15]. Die klinische Diagnose einer Hypothyreose ist bis zu diesem Zeitpunkt jedoch nur selten möglich.

Aus den bisherigen Erfahrungen ergibt sich eine Häufigkeit der angeborenen Hypothyreose von etwa 1 : 6000 [6], also mehr als das Doppelte jener der Phenylketonurie. Hinzu kommt, daß die moderne Sozialmedizin und Sozialpolitik immer mehr den angeborenen Stoffwechselerkrankungen ihre Aufmerksamkeit zuwendet.

Ein Hypothyreosescreening kann mit der Bestimmung von TSH [4, 13, 17], Tlyroxin [17] und reverse Trijodthyronin [2] aus dem Nabelschnurvenenblut durchgeführt werden. Diese Methode scheidet aber bei einem Massenscreening aus organisatorisch-technischen Gründen aus, so daß als Substrat nur Filterpapierplättchen unterschiedlicher Größe — mit Neugeborenen-Blut getränkt — in Frage kommen, wie sie von Screening-Programmen zur Erfassung angeborener Stoffwechselerkrankungen hinlänglich bekannt sind.

Die Bestimmung der Schilddrüsenfunktionslage aus Filterpapierplättchen erfolgt bis jetzt mit radioimmunologischen Methoden für TSH [1, 10, 11, 16, 19] und/oder Gesamtthyroxin [1, 5, 8, 14, 17]. Die Vor- und Nachteile dieser beiden Methoden sind in Tab. 1 zusammengefaßt. Ein Vorteil der TSH-

Tabelle 1. *Neugeborenen Screening für Hypothyreose*

Gesamtthyroxin	TSH
Vorteile	
Erkennung von:	Erkennung von:
hypothalamischer und/oder hypophysärer Hypothyreosen, TBG-Veränderungen, Hyperthyreosen	Hypothyreosen bei Frühgeburten, latenter Hypothyreosen wie bei Zungengrundstruma
methodisch einfach, geringer Zeitaufwand	hohe Werte pathognomonisch
billig	niedriger Prozentsatz von Nachuntersuchungen
Nachteile	
niedrige Werte pathognomonisch	methodisch und zeitlich aufwendig
falsch positive Befunde bei Frühgeburten	teuer
höherer Prozentsatz von Nachuntersuchungen	

Bestimmung ist die Erkennung von Hypothyreosen bei Frühgeburten und von latenten Hypothyreosen, wie etwa bei Zungengrundstruma [4, 19]. Da hohe Werte für die Hypothyreose pathognomisch sind, ist die Grenze zum pathologischen Bereich leichter zu ziehen. Dadurch ergibt sich auch ein niedriger Prozentsatz von Nachuntersuchungen. Nachteilig erweisen sich der hohe Aufwand bei Methodik und Zeit sowie die relativ hohen Kosten. Für die Bestimmung des Gesamtthyroxins spricht die Erkennung hypothalamischer und/oder hypophysärer Hypothyreosen, von TBG-Veränderungen [7] und Hyperthyreosen. Die Methode ist einfach und rasch durchführbar und nicht zuletzt auch billig. Als Nachteile sind die Schwierigkeiten bei der Festlegung des unteren Grenzwertes anzuführen, da niedrige Werte für die Hypothyreose pathognomisch sind. Daraus erklärt sich auch ein höherer Prozentsatz von

Nachuntersuchungen. Zusätzlich finden sich bei Frühgeburten, die bekanntlich ein niedriges T4 aufweisen, ohne hypothyreot zu sein, falsch-positive Befunde [19].

Bei Beurteilung der Vor- und Nachteile dieser beiden Methoden ergibt sich der Schluß, daß zur Erfassung aller angeborenen Hypothyreosen beide Methoden angewendet werden müßten. Da dies wohl in den seltensten Fällen

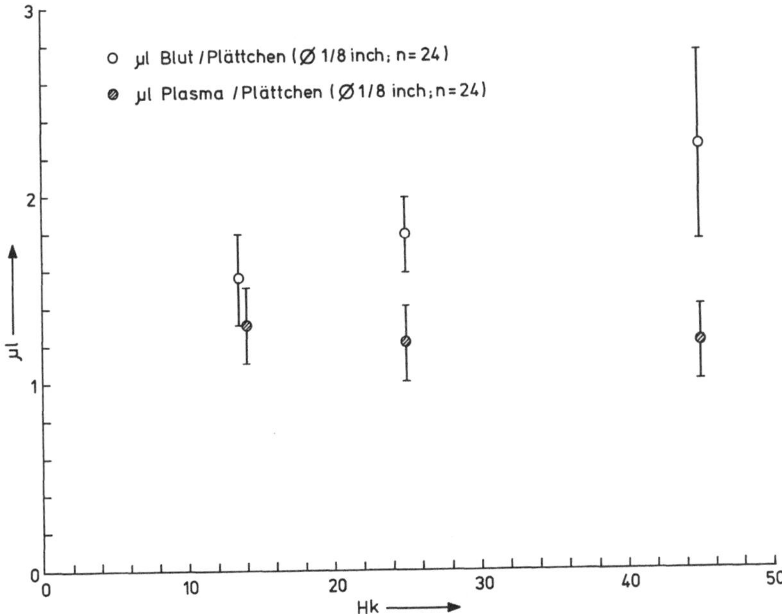

Abb. 1. Abhängigkeit der Blut- bzw. Plasmaaufnahme der Filterpapierplättchen vom Hämatokrit. Mittelwert ± SD

möglich ist, wird es von lokalen, organisatorischen, technischen, methodischen und finanziellen Gründen abhängen, welcher Radioimmunoassay für das Screening eingesetzt wird.

Das österreichische Programm für angeborene Stoffwechselerkrankungen stellt uns für das Massenscreening zur Erfassung der angeborenen Hypothyreose zwei mit Blut getränkte Filterpapierplättchen mit einem Durchmesser von 3,2 mm (1/8 inch) zur Verfügung. Die Bestimmung von TSH aus einem dieser kleinen Plättchen ist bis jetzt nicht möglich, so daß wir das Hypothyreosescreening auf Basis der Gesamtthyroxinbestimmung durchführen.

Material und Methodik

Die Filterpapierplättchen zeigen eine Plasmaaufnahme von 1,2 μl pro Plättchen mit einem Variationskoeffizienten von 17%. Die Plasmaaufnahme ist unabhängig vom Hämatokrit (Abb. 1), wie auch Larsen nachweisen konnte [14].

Über die Methodik des Radioimmunoassays zur Bestimmung des Gesamtthyroxins aus mit Blut getränkten Filterpapierplättchen wurde im Detail an anderer Stelle berichtet [8, 9]. In Tab. 2 sind der radioimmunologische Ansatz, die Trennmethode und das Auswertungsverfahren zusammengefaßt.

Es werden immer Doppelbestimmungen durchgeführt. Während des ganzen Bestimmungsvorganges verbleiben die Papierplättchen in den Röhrchen, was die Methode sowohl in technischer als auch in zeitlicher Hinsicht wesentlich vereinfacht. Die Ergebnisse werden in μg/100 ml angegeben und liegen nach 48 Stunden vor. Die Interassayvarianz beträgt im unteren Normbereich 20 %. Zur „drift control" [3]

Tabelle 2. *Radioimmunologischer Ansatz zur Bestimmung des Gesamtthyroxin aus Filterpapierplättchen [8, 9]*

T_4 — RIA, adaptiert für Hypothyreose Screening Neugeborener (Methode Fritzsche & Weissel)

— 1 Filterpapierplättchen mit Vollblut getränkt (Durchmesser 3,2 mm)

— 0,55 ml Veronalpuffer pH 8,6; 0,08 M; 0,2% BSA; +0,05 ml EDTA 0,08 M

Darin gelöst: 300 μg ANS
10 pg T_4 (spez. Akt.: 2800 mCi/mg) Jod 125
Antikörper in einer Endverdünnung von 1 : 24 000

oder 300 μg ANS
25 pg T_4 (spez. Akt.: 220 mCi/mg) Jod 125
Antikörper in einer Endverdünnung von 1 : 14 000

— 24 h Inkubation bei 4° C

— Trennung mittels Zugabe von 1 ml Dextran Coated Charcoal (1% BSA)

— 20′ Zentrifugation (2800 rpm)

— Dekantieren

— Zählen der freien Fraktion

— on line computerisierte Auswertung mittels Spline Approximation

werden Filterpapierplättchen mit bekannter T4-Konzentration jeweils nach 140 Proben gemessen. „Drifts" konnten bisher keine beobachtet werden. Der Variationskoeffizient der T4-Werte aus diesen Plättchen beträgt 15 %.

Feststellung des unteren Grenzwertes

Wir haben zu Beginn des Screenings eine Nachuntersuchung aller jener Neugeborenen vorgenommen, deren Thyroxinspiegel unter 4 μg/100 ml lagen. Da dies einen Wert von falsch-positiven Befunden von 4,4 % ergab und diese Zahl für ein Massenscreening nicht tragbar ist, haben wir unsere Methode zur Ermittlung des unteren Grenzwertes geändert. Dieser Grenzwert wird nun bei jedem radioimmunologischen Ansatz neu berechnet, indem die doppelte Standardabweichung vom entsprechenden Mittelwert abgezogen wird. Die so errechneten unteren Normalgrenzen der Thyroxinspiegel zeigen Schwankungen zwischen 1,2 und 5,4 μg%, was einerseits auf die Variation der Plasmaaufnahme durch das Filterpapier, andererseits durch die Interassayvarianz bedingt ist [18].

Methodik der Nachuntersuchungen

Unser derzeitiges Vorgehen zur Überprüfung aller jener Neugeborenen, deren Thyroxinspiegel unterhalb des ermittelten Grenzwertes liegen, ist in Abb. 2 dargestellt.

Die durchschnittlich am 5. oder 6. Tag gewonnenen Blutplättchen gelangen um den 10. Tag in das Laboratorium, und die Ergebnisse der Untersuchungen liegen um den 14. Tag nach der Geburt vor. Alle jene Neugeborenen, deren Thyroxinspiegel

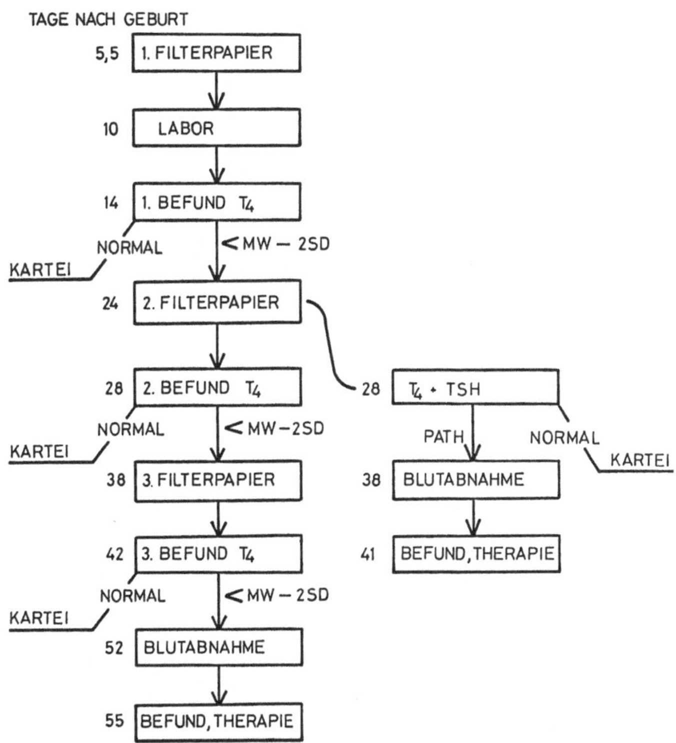

Abb. 2. Methodik der Nachuntersuchungen (siehe Text)

unterhalb des ermittelten Grenzwertes liegen, werden nachuntersucht, indem neuerlich ein mit Blut getränktes Filterpapier angefordert wird. Sollte von diesem Neugeborenen ein Thyroxinspiegel wiederum unterhalb des um den 28. Tag ermittelten Grenzwertes liegen, so wird die Thyroxinbestimmung aus Filterpapierplättchen ein drittes Mal wiederholt. Erst dann, bei neuerlich niedrigem Thyroxinspiegel wird das Kind einer exakten schilddrüsenspezifischen Untersuchung mit Ermittlung der Trijodthyronin-, Thyroxin- und TSH-Spiegel unterzogen. Die endgültigen Ergebnisse liegen etwa um den 55. Tag vor. Nach unserer jetzigen Vorgangsweise warten wir also 3 pathologische Befunde aus den Filterpapierplättchen ab, bevor das Kind zur Blutabnahme für die Bestimmung der Schilddrüsenhormone im Serum einberufen wird. Damit vergehen bis zum Therapiebeginn etwa 2 Monate.

Wenn bei der ersten Nachuntersuchung neben dem T4 auch TSH bestimmt wird und beide Werte pathologische Befunde ergeben, so werden die Kinder unmittelbar danach einer exakten Schilddrüsenuntersuchung zugeführt. Dieses Vorgehen würde einen Zeitgewinn von etwa 2 Wochen bedeuten.

Ergebnisse

Das Screening zur Erfassung der angeborenen Hypothyreose wird seit Februar 1976 für Wien und seit Juni dieses Jahres auch für das Bundesland Kärnten, ein Strumaendemiegebiet, durchgeführt. Bisher (Sept. 1976) wurden 8645 Neugeborene untersucht. Nachuntersuchungen bei T4-Werten unter dem ermittelten Grenzwert waren in 1,6% der Fälle notwendig.

Bei Auswertung der ersten Ergebnisse, das waren 3161 Neugeborene, zeigt sich das in Abb. 3 dargestellte Bild. Es sind die Anzahl der erhobenen Befunde, bezogen auf den Lebenstag der Substratgewinnung, die Mittelwerte

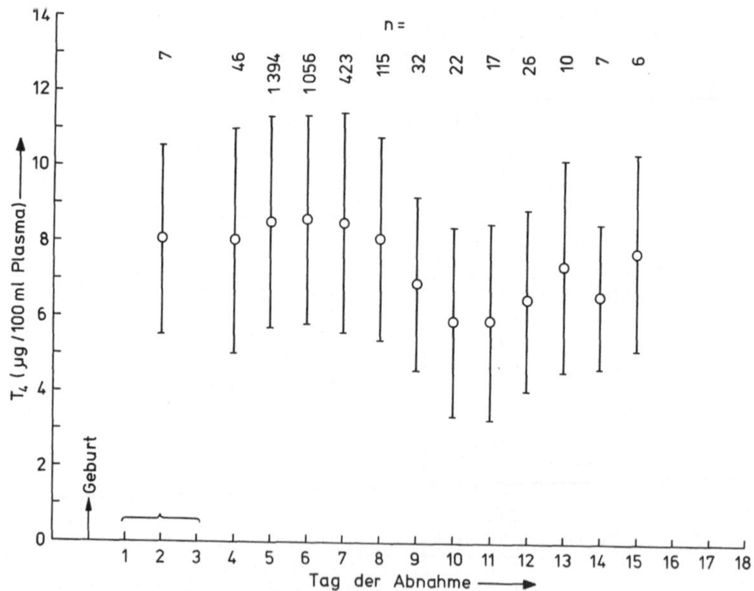

Abb. 3. Mittelwert ± 2 SD des Gesamtthyroxin, gemessen aus Filterpapierplättchen, entsprechend dem Tag der Blutabnahme bei insgesamt 3161 Neugeborenen

der T4-Konzentration und die Standardabweichungen eingetragen. Die meisten Proben werden zwischen dem 5. und 8. Tag abgenommen. Der Mittelwert des Thyroxins dieser 3161 Befunde beträgt 8,3 µg%. Die T4-Konzentration zeigt eine deutliche Abhängigkeit vom Lebensalter, was die Festlegung von Normalgrenzen für diese Zeit erschwert. Die von mehreren Autoren gefundene erhöhte T4-Konzentration in den ersten zwei Lebenstagen fällt hier weniger ins Gewicht, da die Blutabnahmen im Mittel 5,5 Tage post partum, nicht aber vor dem vollendeten 2. Lebenstag erfolgen. Nimmt man die Mittelwerte der an den verschiedenen Tagen ermittelten Thyroxinwerte und subtrahiert die doppelte Standardabweichung, so ergibt sich, abgesehen vom 10. und 11. Tag, ein unterer Grenzwert, der jeweils über 4 μg% liegt.

Bisher haben wir mit unserem Thyroxinscreening 2 Kinder mit angeborener Hypothyreose erfassen können, wobei ein Kind zum Zeitpunkt der zweiten Nachuntersuchung bereits zur Behandlung der Hypothyreose in einem anderen Spital aufgenommen war.

Diskussion

Bei der Durchführung eines Screenings zur Erfassung der angeborenen Hypothyreose aus Filterpapierplättchen stehen die radioimmunologischen Methoden der TSH- und/oder Gesamtthyroxinbestimmung zur Verfügung. Beide Methoden zeigen Vorteile und Nachteile und schließen sich damit gegenseitig nicht aus. Gemeinsam erzielen sie die beste Möglichkeit zur Diagnose einer angeborenen Hypothyreose. Nach Dussault *et al.* [6], Buist *et al.* [1] und Walfish [17] wird ein Hypothyreose-Screening derzeit am besten mit der Bestimmung von Gesamtthyroxin durchgeführt, wobei zusätzlich der TSH-Radioimmunoassay bei jenen Neugeborenen angewendet wird, deren Gesamtthyroxin im Grenzbereich liegt. Für dieses Vorgehen sprechen neben technischen, methodischen und finanziellen Gründen auch die häufigsten Ursachen der angeborenen Hypothyreose. Ein besonderer Vorteil dieser kombinierten Methode besteht darin, daß der Prozentsatz der Nachuntersuchungen besonders niedrig, nach Dussault 0,6 % [6] und Walfish 0,2 % [17], gehalten werden kann.

Da uns nur zwei Papierplättchen für die Doppelbestimmung von Thyroxin zur Verfügung stehen, können Wiederholungsmessungen oder ergänzende TSH-Bestimmungen vom gleichen Material nicht durchgeführt werden. Um den Prozentsatz der Nachuntersuchungen möglichst geringzuhalten, berechnen wir den unteren Grenzwert für jeden Assay, und zwar durch Subtraktion der doppelten Standardabweichung vom Mittelwert. Nach dieser Methode ergibt sich ein Wert von 1,6 %. Andere Angaben zur Berechnung jenes T4-Wertes, unter dem Nachuntersuchungen notwendig sind, sind für uns nicht anwendbar [18].

Dussault *et al.*, die über das bisher größte Material verfügen, berichten über eine Häufigkeit der angeborenen Hypothyreose von 1 : 6000 [6]. Wir konnten bei 8645 Untersuchungen zwei hypothyreote Neugeborene erfassen, was in etwa der angegebenen Häfigkeit entspricht.

Ohne unser Wissen wurden Filterpapierplättchen von 5 hypothyreoten Kindern im Alter von 10 und 12 Monaten, 4, 6 und 8 Jahren in das Screening-Programm eingeschleust. Alle diese Kinder wurden nach der von uns geübten Methode als Hypothyreosen erkannt. Mit Erwährung dieser 5 Kinder, die trotz ärztlicher Betreuung nicht rechtzeitig erkannt wurden, soll die Notwendigkeit eines Hypothyreosescreenings von Neugeborenen unterstrichen werden.

Literatur

1. Buist Neil, R. M., Murphey, W. F., Brandon, G. R., Foley, T. P., Jr., Penn, R. L.: Neonatal Screening for Hypothyroidism. Lancet II, 872—873 (1975).
2. Burger, A., Buerer, Th., Sizonenko, P., Lacourt, G.: Reverse T3 in Screening for Neonatal Hypothyroidism. Lancet II, 39—40 (1976).
3. Challand, G. S., Ratcliffe, W. A., Ratcliffe, J. G.: Semi-automated Radioimmunoassays for Total Serumthyroxine and Triiodothyronine. Clinica Chimica Acta **60**, 25—32 (1975).
4. Delange, F., Camus, M., Winkler, M., Dodion, J., Ermans, A. M.: Serum Thyrotropin Determination at the Fifth Day of Life as a Screening Procedure for Congenital Hypothyroidism. European Thyroid Association, 7th Annual Meeting, June 29 to July 2, 1976. Acta Endocr., Suppl. **204**, Abstract Nr. 53.
5. Dussault, J. H., Colombe, P., Laberge, C., Letarte, J., Guyda, H., Khoury, K.: Preliminary Report on a Mass Screening Program for Neonatal Hypothyroidism. J. Pediat. **84**, 670—674 (1975).
6. Dussault, J. H., Letarte, J., Guyda, H., Laberge, C.: Screening for Congenital Hypothyroidism: A Reappraisal. Abstracts of 52nd American Thyroid Association Meeting, September 15—18, 1976.
7. Dussault, J. H., Letarte, J., Guyda, H., Fisher, D. A., Laberge, C.: Thyroid Function in Neonatal Hypothyroidism. Pediat. Res., Abstract 221, **10**, 338 (1976).
8. Fritzsche, H., Weissel, M., Frisch, H., Thalhammer, O.: Screening for Congenital Hypothyroidism. Acta endocrinol., Suppl. **204**, Abstract Nr. 54 (1976).
9. Fritzsche, H., Weissel, M., Höfer, R., Frisch, H., Thalhammer, O.: Entwicklung eines hochsensitiven Thyroxin-Radioimmunoassays und seine Anwendung beim Neugeborenen-Screening. Nuklearmedizin und Biokybernetik, 14. Internationale Jahrestagung der Gesellschaft für Nuklearmedizin, Abstract Nr. 118, Kongreßband (im Druck).
10. Illig, R., Torresani, T., Rodriguez de Vera Roda, C., Mieth, D.: Möglichkeiten einer TSH-Screening-Methode zur Entdeckung der Hypothyreose bei Neugeborenen. Jahrestagung der Schweizer Pädiatr. Gesellschaft 1976, Davos, Abstract Nr. 8, p. 51.
11. Irie, M., Enomato, K., Naruse, M.: Measurement of Thyroid Stimulating Hormon in Dried Blood Spot. Lancet II, 1233—1234 (1975).
12. Klein, A. H., Meltzer, S., Kenny, F. M.: Improved Prognosis in Congenital Hypothyroidism Treated Before Age Three Months. J. Pediatr. **81**, 912—915 (1972).
13. Klein, A. H., v. Agusain, Amelia, Foley, Th. P., Jr.: Successful Laboratory for Congenital Hypothyroidism. Lancet II, 77—79 (1974).
14. Larsen, P. R., Broskin, Kathy: Thyroxine (T4) Immunoassay Using Filter Paper Blood Samples for Screening of Neonates for Hypothyroidism. Pediat. Res. **9**, 604—609 (1975).
15. Raiti, S., News, G. H.: Cretinism: Early Diagnosis and Its Relation to Mental Prognosis. Arch. Dis. Child **46**, 692—694 (1971).
16. Torresani, T., Ellis, Kathryn E., Lesley, H. R.: Screening for Neonatal Hypothyroidism. Lancet II, 365 (1976).
17. Walfish, P. G.: Evaluation of Three Thyroid Function Screening Tests for Detecting Neonatal Hypothyroidism. Lancet II, 1208—1211 (1976).

18. WEISSEL, M., FRITZSCHE, H., HÖFER, R., FRISCH, H., THALHAMMER, O.: Screening for Congenital Hypothyroidism. Lancet II, 1245 (1976).

19. ZABRANSKY, S.: Hypothyreose-Screening bei Neugeborenen durch radioimmunologische Thyreotropinbestimmung. Wien—Berlin—München: Urban & Schwarzenberg 1976.

Anschrift der Verfasser: Oberarzt Dr. HEINZ FRITZSCHE, II. Med. Univ.-Klinik, Abteilung für Nuklearmedizin, Garnisongasse 13, A-1090 Wien, Österreich.